LORENZO RAUSA

CNC
CICLI DI TORNITURA FANUC

Prontuario di programmazione

cnc **webschool**

Indice

Prefazione

4

Prefazione

Questo libro nasce con l'intenzione di spiegare i cicli di tornitura Fanuc mediante un nuovo principio didattico.

Leggendo diversi testi di programmazione che spiegano i cicli di tornitura Fanuc, non è difficile trovare informazioni discordanti.
Si trovano manuali in cui la funzione G74 è presentata come ciclo di foratura assiale ed altri che la presentano come ciclo per la realizzazione di gole lungo l'asse Z.
Anche la funzione G75 è descritta in alcuni testi come ciclo per gole radiali, mentre altri la definiscono come ciclo di foratura radiale.
Non è inoltre errato aggiungere che G75 può anche realizzare una sfacciatura con rottura del truciolo.

Il testo si pone l'obiettivo di spiegare in maniera definitiva i cicli di tornitura Fanuc, adottando un nuovo metodo didattico, non più legato alla semplice descrizione dei parametri, ma volto ad illustrare le possibili lavorazioni che ogni ciclo è in grado di svolgere.

Lorenzo Rausa

1. Elenco delle funzioni

1.1 Descrizione dei sistemi di codici G

I manuali Fanuc elencano i codici di programmazione in tre differenti colonne: "A", "B" e "C".

Queste lettere definiscono tre gruppi di codici in base ai quali stesse funzionalità possono essere attivate da codici "G" differenti (per esempio: l'avanzamento espresso in millimetri al giro è attivato nel sistema di codici "B" da G95, mentre nel sistema di codici "A" da G99).

Originariamente i sistemi di codici identificavano l'area geografica di costruzione della macchina. Il sistema di codici "A" era utilizzato dai costruttori di macchine utensili asiatici, "B" da quelli europei, "C" da quelli americani.

Sistema di codici G			Gruppo	Funzione
A	B	C		
G00	G00	G00		Posizionamento (rapido)
G01	G01	G01		Interpolazione lineare (avanzamento in lavoro)
G02	G02	G02		Interpolazione circolare o elicoidale in senso orario

Oggi è comunque possibile trovare costruttori europei ed americani che scelgono di usare il sistema di codici "A" poiché maggiormente diffuso e conosciuto nel mondo.

Questa caratteristica dei controlli numerici Fanuc è la prima cosa da chiarire e controllare quando il programmatore inizia a gestire una nuova macchina.

Nei manuali ufficiali Fanuc le funzioni sono riportate secondo il sistema di codici "A". In questo corso le funzioni sono riportate secondo il sistema europeo di codici "B".

Nei prossimi paragrafi sono presenti le tabelle di equivalenza tra i codici in base al sistema al quale appartengono.

Le stesse tabelle indicano inoltre, nella colonna "Gruppo", il gruppo di appartenenza di ogni funzione. Ricordiamo che le funzioni modali appartenenti allo stesso gruppo sono quelle che si sovrascrivono tra di loro.

1.2 Elenco delle funzioni e gruppi di appartenenza

Qui di seguito l'elenco delle funzioni come riportate nei manuali Fanuc.

1.2.1 Dalla funzione G0 alla funzione G26

Sistema di codici G			Gruppo	Funzione
A	B	C		
G00	G00	G00	01	Posizionamento (rapido)
G01	G01	G01		Interpolazione lineare (avanzamento in lavoro)
G02	G02	G02		Interpolazione circolare o elicoidale in senso orario
G03	G03	G03		Interpolazione circolare o elicoidale in senso antiorario
G02.2	G02.2	G02.2		Interpolazione involuta in senso orario
G02.3	G02.3	G02.3		Interpolazione esponenziale in senso orario
G02.4	G02.4	G02.4		Conversione tridimensionale del sistema di coordinate in senso orario
G03.2	G03.2	G03.2		Interpolazione involuta in senso antiorario
G03.3	G03.3	G03.3		Interpolazione esponenziale in senso antiorario
G03.4	G03.4	G03.4		Conversione tridimensionale del sistema di coordinate in senso antiorario
G04	G04	G04	00	Sosta
G05	G05	G05		Controllo contornatura AI (comando compatibile con il controllo contornatura ad alta precisione), ciclo di lavorazione ad alta velocità
G05.1	G05.1	G05.1		Contornatura AI / Interpolazione nanometrica raccordata/ Interpolazione raccordata
G05.4	G05.4	G05.4		HRV3,4 on/off
G06.2	G06.2	G06.2	01	Interpolazione NURBS
G07	G07	G07	00	Interpolazione con asse virtuale
G07.1 (G107)	G07.1 (G107)	G07.1 (G107)		Interpolazione cilindrica
G08	G08	G08		Controllo avanzato con prelettura dei blocchi
G09	G09	G09		Arresto esatto
G10	G10	G10		Introduzione dati da programma
G10.6	G10.6	G10.6		Ritiro e riposizionamento dell'utensile
G10.9	G10.9	G10.9		Commutazione diametro/raggio da programma
G11	G11	G11		Cancella il modo introduzione dati da programma
G12.1 (G112)	G12.1 (G112)	G12.1 (G112)	21	Modo interpolazione in coordinate polari
G13.1 (G113)	G13.1 (G113)	G13.1 (G113)		Cancella il modo interpolazione in coordinate polari
G17	G17	G17	16	Selezione piano XpYp
G18	G18	G18		Selezione piano ZpXp
G19	G19	G19		Selezione piano YpZp
G20	G20	G70	06	Programmazione in pollici
G21	G21	G71		Programmazione in millimetri
G22	G22	G22	09	Attiva il controllo delle zone di sicurezza
G23	G23	G23		Disattiva il controllo delle zone di sicurezza
G25	G25	G25	08	Rilevazione fluttuazioni velocità mandrino off
G26	G26	G26		Rilevazione fluttuazioni velocità mandrino on

Fig. 1. Elenco delle funzioni Fanuc da G0 a G26

1.2.2 Dalla funzione G27 alla funzione G42.1

Sistema di codici G			Gruppo	Funzione
A	B	C		
G27	G27	G27		Controllo del ritorno al punto di riferimento
G28	G28	G28		Ritorno al punto di riferimento
G29	G29	G29		Movimento dal punto di riferimento
G30	G30	G30	00	Ritorno al secondo, terzo o quarto punto di riferimento
G30.1	G30.1	G30.1		Ritorno al punto di riferimento mobile
G31	G31	G31		Funzione di salto della lavorazione
G31.8	G31.8	G31.8		Salto della lavorazione per asse EGB
G32	G33	G33		Filettatura
G34	G34	G34		Filettatura a passo variabile
G35	G35	G35		Filettatura circolare in senso orario
G36	G36	G36		Filettatura circolare antioraria (Quando il bit 3 (G36) del parametro N. 3405 è 1) o Correzione utensile automatica (asse X) (Quando il bit 3 (G36) del parametro N. 3405 è 0)
G37	G37	G37	01	Correzione utensile automatica (asse Z) (Quando il bit 3 (G36) del parametro N. 3405 è 0)
G37.1	G37.1	G37.1		Correzione utensile automatica (asse X) (Quando il bit 3 (G36) del parametro N. 3405 è 1)
G37.2	G37.2	G37.2		Correzione utensile automatica (asse Z) (Quando il bit 3 (G36) del parametro N. 3405 è 1)
G38	G38	G38		Compensazione raggio utensile : con mantenimento del vettore
G39	G39	G39		Compensazione raggio utensile : interpolazione circolare sugli spigoli
G40	G40	G40		Compensazione raggio utensile : cancellazione
G41	G41	G41		Compensazione raggio utensile : sinistra
G42	G42	G42		Compensazione raggio utensile : destra
G41.2	G41.2	G41.2		Compensazione tridimensionale dell'utensile: sinistra (tipo 1)
G41.3	G41.3	G41.3		Compensazione tridimensionale dell'utensile: (compensazione del bordo di taglio)
G41.4	G41.4	G41.4		Compensazione tridimensionale dell'utensile: sinistra (tipo 1) (comando compatibile con FS16i)
G41.5	G41.5	G41.5	07	Compensazione tridimensionale dell'utensile: sinistra (tipo 1) (comando compatibile con FS16i)
G41.6	G41.6	G41.6		Compensazione tridimensionale dell'utensile: sinistra (tipo 2)
G42.2	G42.2	G42.2		Compensazione tridimensionale dell'utensile: destra (tipo 1)
G42.4	G42.4	G42.4		Compensazione tridimensionale dell'utensile: destra (tipo 1) (comando compatibile con FS16i)
G42.5	G42.5	G42.5		Compensazione tridimensionale dell'utensile: destra (tipo 1) (comando compatibile con FS16i)
G42.6	G42.6	G42.6		Compensazione tridimensionale dell'utensile: destra (tipo 2)
G40.1	G40.1	G40.1		Controllo della direzione normale cancellato
G41.1	G41.1	G41.1	19	Controllo della direzione normale a sinistra
G42.1	G42.1	G42.1		Controllo della direzione normale a destra

Fig. 2. Elenco delle funzioni Fanuc da G27 a G42.1

1.2.3 Dalla funzione G43 alla funzione G66

Sistema di codici G			Gruppo	Funzione
A	B	C		
G43	G43	G43		Compensazione lunghezza utensile + (Il parametro TCT (N.5040#3) deve essere "1".)
G44	G44	G44		Compensazione lunghezza utensile - (Il parametro TCT (N.5040#3) deve essere "1".)
G43.1	G43.1	G43.1		Compensazione lunghezza utensile nella direzione dell'asse utensile (Il parametro TCT (N.5040#3) deve essere "1".)
G43.4	G43.4	G43.4	23	Controllo del centro utensile (Tipo 1) (Il parametro TCT (N.5040#3) deve essere "1".)
G43.5	G43.5	G43.5		Controllo del centro utensile (Tipo 2) (Il parametro TCT (N.5040#3) deve essere "1".)
G43.7 (G44.7)	G43.7 (G44.7)	G43.7 (G44.7)		Correzione utensile (Il parametro TCT (N.5040#3) deve essere "1".)
G49 (G49.1)	G49 (G49.1)	G49 (G49.1)		Cancella la compensazione lunghezza utensile (Il parametro TCT (N.5040#3) deve essere "1".)
G50	G92	G92	00	Impostazione del sistema di coordinate o limitazione della velocità del mandrino
G50.3	G92.1	G92.1		Preset del sistema di coordinate del pezzo
-	G50	G50	18	Cancella la scala
-	G51	G51		Attiva la scala
G50.1	G50.1	G50.1	22	Cancella l'immagine speculare programmabile
G51.1	G51.1	G51.1		Attiva l'immagine speculare programmabile
G50.2 (G250)	G50.2 (G250)	G50.2 (G250)	20	Cancella la tornitura poligonale
G51.2 (G251)	G51.2 (G251)	G51.2 (G251)		Tornitura poligonale
G50.4	G50.4	G50.4		Cancella il controllo sincrono
G50.5	G50.5	G50.5		Cancella il controllo composto
G50.6	G50.6	G50.6		Cancella il controllo sovrapposto
G51.4	G51.4	G51.4		Inizia il controllo sincrono
G51.5	G51.5	G51.5	00	Inizia il controllo composto
G51.6	G51.6	G51.6		Inizia il controllo sovrapposto
G52	G52	G52		Impostazione del sistema di coordinate locali
G53	G53	G53		Selezione del sistema di coordinate della macchina
G53.1	G53.1	G53.1		Controllo direzione asse utensile
G54 (G54.1)	G54 (G54.1)	G54 (G54.1)		Selezione del sistema di coordinate del pezzo 1
G55	G55	G55		Selezione del sistema di coordinate del pezzo 2
G56	G56	G56	14	Selezione del sistema di coordinate del pezzo 3
G57	G57	G57		Selezione del sistema di coordinate del pezzo 4
G58	G58	G58		Selezione del sistema di coordinate del pezzo 5
G59	G59	G59		Selezione del sistema di coordinate del pezzo 6
G54.4	G54.4	G54.4	26	Compensazione montaggio pezzo
G60	G60	G60	00	Posizionamento unidirezionale
G61	G61	G61		Modo arresto esatto
G62	G62	G62	15	Regolazione automatica velocità sugli spigoli
G63	G63	G63		Modo maschiatura
G64	G64	G64		Modo taglio
G65	G65	G65	00	Richiamo macro
G66	G66	G66	12	Richiamo macro modale A

Fig. 3. Elenco delle funzioni Fanuc da G43 a G66

1.2.4 Dalla funzione G66.1 alla funzione G94

Sistema di codici G			Gruppo	Funzione
A	B	C		
G66.1	G66.1	G66.1		Richiamo macro modale B
G67	G67	G67		Cancella richiamo macro modale A/B
G68	G68	G68	04	Immagine speculare per doppia torretta o modo lavorazione bilanciata
G68.1	G68.1	G68.1		Rotazione del sistema di coordinate / conversione tridimensionale del sistema di coordinate
G68.2	G68.2	G68.2		Programmazione dei comandi nel piano di lavoro inclinato
G68.3	G68.3	G68.3	17	Programmazione dei comandi nel piano di lavoro inclinato nella direzione dell'asse utensile
G68.4	G68.4	G68.4		Programmazione dei comandi nel piano di lavoro inclinato (comando multiplo incrementale)
G69	G69	G69	04	Cancella la rotazione del sistema di coordinate o la conversione tridimensionale del sistema di coordinate
G69.1	G69.1	G69.1	17	Cancella la rotazione del sistema di coordinate / conversione tridimensionale del sistema di coordinate
G70	G70	G72		Ciclo di finitura
G71	G71	G73		Asportazione di materiale in tornitura
G72	G72	G74		Asportazione di materiale in sfacciatura
G73	G73	G75	00	Ripetizione del profilo
G74	G74	G76		Foratura frontale a tratti
G75	G75	G77		Ciclo di foratura sul diametro esterno/interno
G76	G76	G78		Ciclo di filettatura in più passate
G71	G71	G72		Ciclo di pendolazione senza misuratore
G72	G72	G73	01	Ciclo di pendolazione con misuratore
G73	G73	G74		Ciclo multituffo senza misuratore
G74	G74	G75		Ciclo multituffo con misuratore
G80	G80	G80	10	Cancella il ciclo fisso di foratura / Accoppiamento elettronico: fine sincronizzazione
G80.4	G80.4	G80.4	28	Accoppiamento elettronico: fine sincronizzazione
G81.4	G81.4	G81.4		Accoppiamento elettronico: inizio sincronizzazione
G80.5	G80.5	G80.5	27	Accoppiamento elettronico per 2 coppie: fine sincronizzazione
G81.5	G81.5	G81.5		Accoppiamento elettronico per 2 coppie: inizio sincronizzazione
G81	G81	G81		Centratura (formato FS15-T) / Accoppiamento elettronico: inizio sincronizzazione
G82	G82	G82		Ciclo di allargamento del foro (formato FS15-T)
G83	G83	G83		Ciclo di foratura frontale
G83.1	G83.1	G83.1		Ciclo di foratura a tratti ad alta velocità (formato FS15-T)
G83.5	G83.5	G83.5		Ciclo di foratura a tratti ad alta velocità
G83.6	G83.6	G83.6		Ciclo di foratura a tratti
G84	G84	G84	10	Ciclo di maschiatura frontale
G84.2	G84.2	G84.2		Ciclo di maschiatura rigida (formato FS15-T)
G85	G85	G85		Ciclo di barenatura frontale
G87	G87	G87		Ciclo di foratura laterale
G87.5	G87.5	G87.5		Ciclo di foratura a tratti ad alta velocità
G87.6	G87.6	G87.6		Ciclo di foratura a tratti
G88	G88	G88		Ciclo di maschiatura laterale
G89	G89	G89		Ciclo di barenatura laterale
G90	G77	G20		Ciclo di tornitura sul diametro esterno/interno
G92	G78	G21	01	Ciclo di filettatura
G94	G79	G24		Ciclo di sfacciatura

Fig. 4. Elenco delle funzioni Fanuc da G66.1 a G94

16

1.2.5 Dalla funzione G91.1 alla funzione G99

Sistema di codici G			Gruppo	Funzione
A	B	C		
G91.1	G91.1	G91.1	00	Controllo del valore incrementale massimo specificabile
G96	G96	G96	02	Controllo della velocità di taglio costante
G97	G97	G97		Cancella la velocità di taglio costante
G96.1	G96.1	G96.1	00	Indexaggio mandrino (con attesa del completamento)
G96.2	G96.2	G96.2		Indexaggio mandrino (senza attesa del completamento)
G96.3	G96.3	G96.3		Controllo completamento indexaggio mandrino
G96.4	G96.4	G96.4		Modo controllo velocità SV ON
G93	G93	G93	05	Avanzamento con l'inverso del tempo
G98	G94	G94		Avanzamento al minuto
G99	G95	G95		Avanzamento al giro
-	G90	G90	03	Programmazione assoluta
-	G91	G91		Programmazione incrementale
-	G98	G98	11	Ciclo fisso : ritorno al livello iniziale
-	G99	G99		Ciclo fisso : ritorno al livello del punto R

Fig. 5. Elenco delle funzioni Fanuc da G91.1 a G99

2. Introduzione ai cicli fissi Fanuc

2.1 Tabelle riepilogative dei cicli

2.1.1 Funzioni elencate in ordine crescente

Funzione (sistema B)	Funzione (sistema A)	Funzione (sistema C)	Tipo di lavorazione
G70	G70	G72	Ripetizione di parte del programma
G71	G71	G73	Ciclo di sgrossatura lungo l'asse Z
G72	G72	G74	Ciclo di sgrossatura lungo l'asse X
G73	G73	G75	Ciclo di sgrossatura per pezzi profilati
G74	G74	G76	Ciclo per gole lungo l'asse Z
G75	G75	G77	Ciclo per gole lungo l'asse X
G76	G76	G78	Ciclo di filettatura
G77	G90	G20	Passata di tornitura
G78	G92	G21	Passata di filettatura
G79	G94	G24	Passata di sfacciatura

G80	G80	G80	Funzione di disattivazione dei cicli
G83	G83	G83	Ciclo di foratura lungo l'asse Z
G84	G84	G84	Ciclo di maschiatura lungo l'asse Z
G85	G85	G85	Ciclo di barenatura o alesatura lungo l'asse Z
G87	G87	G87	Ciclo di foratura lungo l'asse X
G88	G88	G88	Ciclo di maschiatura lungo l'asse X
G89	G89	G89	Ciclo di barenatura o alesatura lungo l'asse X

2.2 Classificazione dei cicli fissi

2.2.1 Cicli non ripetitivi

Si definiscono cicli non ripetitivi quelli che non eseguono una lavorazione completa ma eseguono una singola passata. Prevedono l'avvicinamento in rapido al pezzo, una passata in lavorazione, l'allontanamento dal pezzo ed il ritorno alla posizione di partenza.

I controlli numerici Fanuc prevedono cicli non ripetitivi per eseguire passate di tornitura (G77), passate di sfacciatura (G79) e passate di filettatura (G78).

Questi cicli appartengono alle funzioni del gruppo 1. Basterà quindi programmare un'altra funzione appartenente allo stesso gruppo, come ad esempio G0 o G1, per cancellarli.

In questo corso è stato incluso nel gruppo dei cicli non ripetitivi anche il richiamo di parte del programma (G70) poiché non prevede la ripetizione di nessun tipo di operazione.

2.2.2 Cicli ripetitivi

Si definiscono cicli ripetitivi quelli che eseguono una lavorazione completa. Sono chiamati ripetitivi perché continuano ad eseguire passate di lavorazione fino al completamento dell'operazione.

I controlli numerici Fanuc prevedono cicli ripetitivi per eseguire operazioni di sgrossatura lungo l'asse Z (G71), operazioni di sgrossatura lungo l'asse X (G72), operazioni di sgrossatura per pezzi profilati (G73) e per l'esecuzione completa di filettature (G76).

Questi cicli sono auto cancellanti e non necessitano di ulteriori funzioni per essere disabilitati.

2.2.3 Cicli per gole

Sono cicli che eseguono delle gole sia lungo l'asse Z (G74) che lungo l'asse X (G75).

Penetrano nella direzione della gola con la possibilità di programmare una rottura del truciolo ed allargano la gola con passate parallele alla prima fino al raggiungimento della quota programmata. Questi cicli sono anche usati per l'esecuzione di fori e torniture con rottura del truciolo.

Questi cicli sono auto cancellanti e non necessitano di ulteriori funzioni per essere disabilitati.

2.2.4 Cicli di foratura, maschiatura e alesatura o barenatura

Questi cicli sono stati raggruppati perché simili tra di loro. Sono impiegati per eseguire quanto segue.

- Fori lungo l'asse Z (G83) con scarico o rottura del truciolo.
- Fori lungo l'asse X (G87) con scarico o rottura del truciolo.
- Maschiature lungo l'asse Z (G84).
- Maschiature lungo l'asse X (G88).
- Barenature lungo l'asse Z (G85).
- Barenature lungo l'asse X (G89).

Questo tipo di cicli si cancellano con la funzione G80.

2.2.5 Sintassi utilizzata negli esempi di programmazione

Tutti gli esempi di programmazione dei cicli di tornitura Fanuc sono funzionanti nel programma di addestramento e simulazione grafica "Siemens Sinumerik Operate 4.4".

La macchina utilizzata è denominata "Lathe with driven tool (ISO dialect).

Questa macchina si programma in linguaggio ISO.

Quando il linguaggio ISO non offre funzioni di programmazioni standard, comuni a tutte le macchine, come quelle necessarie per la definizione delle dimensioni del pezzo grezzo o la selezione degli utensili motorizzati, si attiva la programmazione Siemens.

Per questo motivo, negli esempi di programmazione, sono utilizzate, quando necessario, le funzioni G290, per l'attivazione del linguaggio Siemens e G291, per l'attivazione del linguaggio Fanuc.

Per utilizzare gli esempi di programmazione proposti su macchine reali, sostituire il programma compreso tra queste funzioni con quello specifico richiesto dalla vostra macchina.

2.3 Tabella riepilogativa dei cicli raggruppati per tipologia

2.3.1 Cicli non ripetitivi

Funzione (Sistema B)	Funzione (Sistema A)	Funzione (Sistema C)	Tipo di lavorazione
G77	G90	G20	Passata di tornitura
G79	G94	G24	Passata di sfacciatura
G78	G92	G21	Passata di filettatura
G70	G70	G72	Ripetizione di parte del programma

2.3.2 Cicli ripetitivi

Funzione (Sistema B)	Funzione (Sistema A)	Funzione (Sistema C)	Tipo di lavorazione
G71	G71	G73	Ciclo di sgrossatura lungo l'asse Z
G72	G72	G74	Ciclo di sgrossatura lungo l'asse X
G73	G73	G75	Ciclo di sgrossatura per pezzi profilati
G76	G76	G78	Ciclo di filettatura

2.3.3 Cicli per gole

Funzione (Sistema B)	Funzione (Sistema A)	Funzione (Sistema C)	Tipo di lavorazione
G74	G74	G76	Ciclo per gole lungo l'asse Z
G75	G75	G77	Ciclo per gole lungo l'asse X

2.3.4 Cicli di foratura, maschiatura, barenatura o alesatura

Funzione (Sistema B)	Funzione (Sistema A)	Funzione (Sistema C)	Tipo di lavorazione
G83	G83	G83	Ciclo di foratura lungo l'asse Z
G87	G87	G87	Ciclo di foratura lungo l'asse X
G84	G84	G84	Ciclo di maschiatura lungo l'asse Z
G88	G88	G88	Ciclo di maschiatura lungo l'asse X
G85	G85	G85	Ciclo di barenatura o alesatura lungo l'asse Z
G89	G89	G89	Ciclo di barenatura o alesatura lungo l'asse X
G80	G80	G80	Funzione di disattivazione dei cicli

3. G77: ciclo di tornitura con passata singola
(G90-A, G20-C)

3.1   Descrizione

Il ciclo esegue una passata singola di tornitura partendo dal punto in cui si trova l'utensile prima del ciclo.

Il ciclo esegue quattro movimenti.

1   Movimento rapido lungo l'asse X, dal punto programmato prima del ciclo, alla coordinata X programmata nel blocco G77.

2   Movimento di lavoro lungo l'asse Z, dal punto attuale, alla coordinata Z programmata nel blocco G77.

3   Movimento di lavoro dalla fine della passata, alla coordinata X di partenza, programmata prima del ciclo.

4   Movimento rapido di ritorno, alla coordinata Z di partenza programmata prima del ciclo.

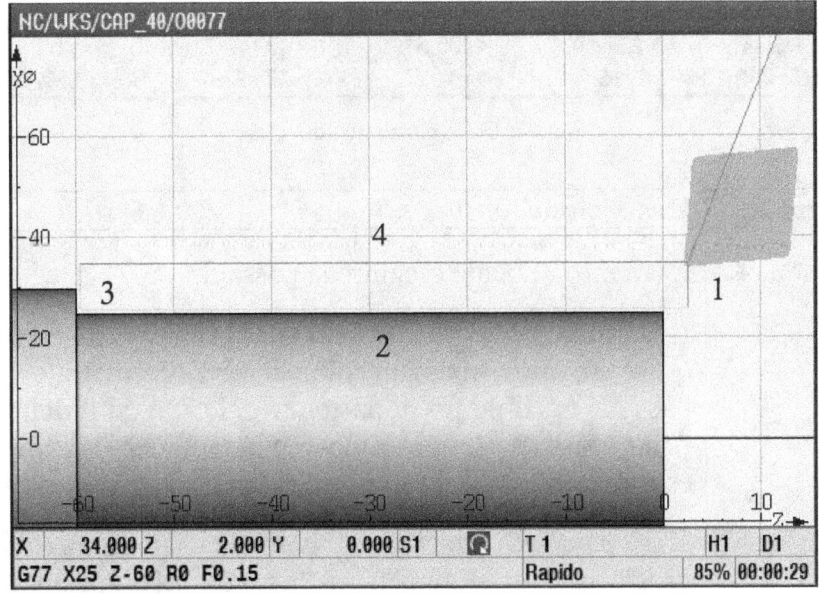

Fig. 6. G77: movimenti del ciclo

24

3.2 Funzioni di cancellazione del ciclo

Per cancellare questo ciclo, programmare un codice G del gruppo 01, diverso da G90, G92 o G94 se la macchina utilizza la codifica "A".

3.3 Parametri del ciclo

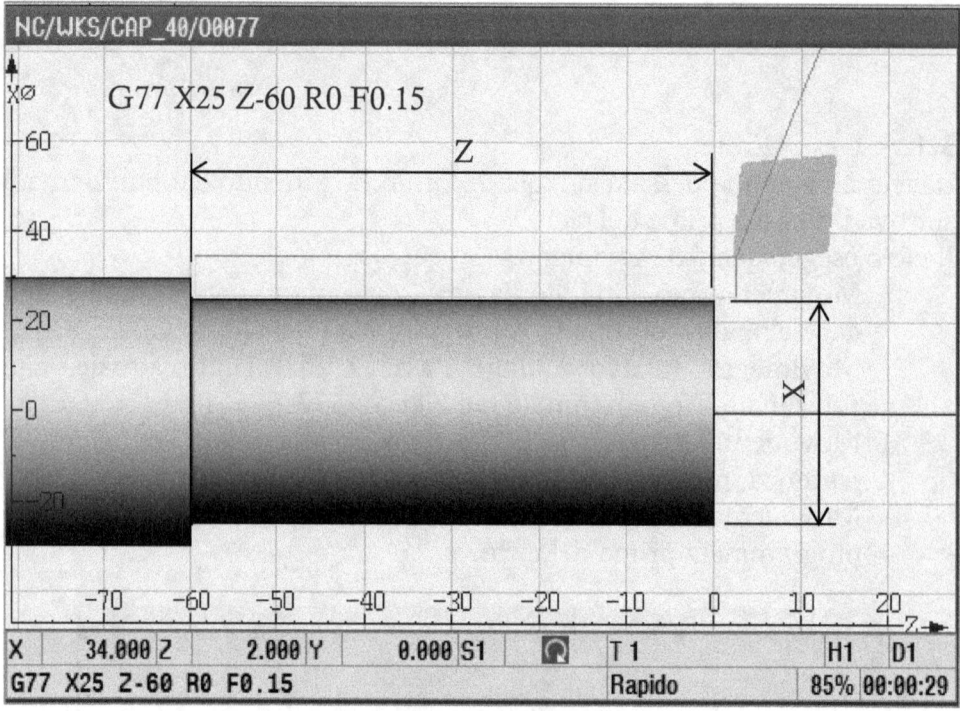

Fig. 7. G77: parametri del ciclo

Parametro	Descrizione
X	Diametro al quale eseguire la passata.
(U)	Usando la lettera U è possibile esprimere il diametro al quale eseguire la passata come distanza diametrale lungo l'asse X tra il punto di partenza del ciclo ed il diametro della passata (con segno negativo per lavorazioni esterne).
Nota	Nel caso di torniture coniche il diametro da programmare è quello di arrivo della passata (la posizione di partenza sarà calcolata dal ciclo in base al parametro "R").

Z	Punto di arrivo della passata. Con la lettera Z si esprime la coordinata assoluta (riferita allo zero pezzo), lungo l'asse Z, del punto finale della passata.
(W)	Usando la lettera W è possibile esprimere la lunghezza della passata come distanza lungo l'asse Z dal punto programmato prima del ciclo al punto di arrivo della passata.
R	Valore della conicità. È uguale al diametro di partenza della passata, meno il diametro di arrivo, diviso due. I diametri iniziale e finale non corrispondono necessariamente a quelli della conicità da realizzare ma a quelli della passata da eseguire, calcolati in base alle posizioni in Z dell'utensile ad inizio e fine ciclo. 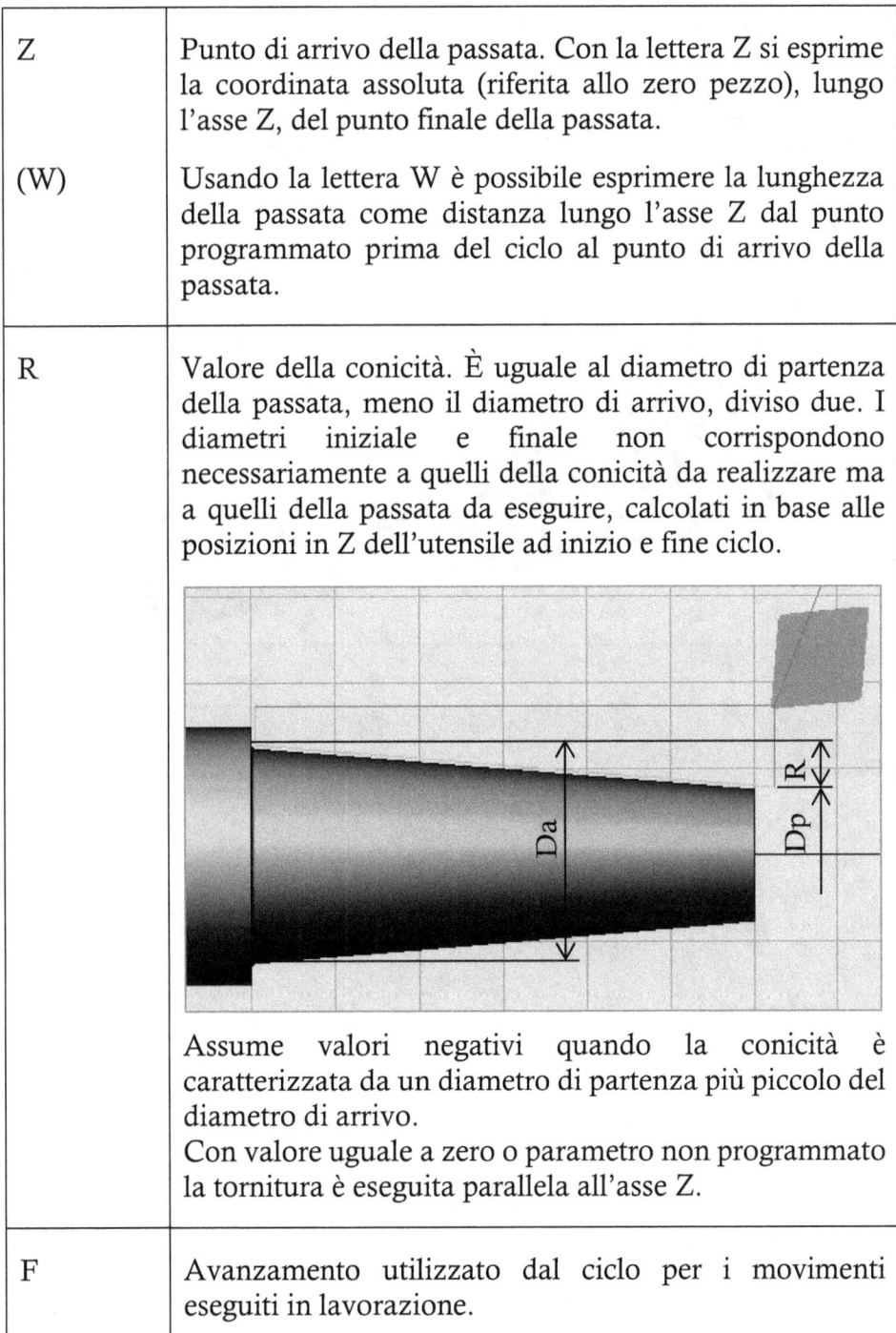 Assume valori negativi quando la conicità è caratterizzata da un diametro di partenza più piccolo del diametro di arrivo. Con valore uguale a zero o parametro non programmato la tornitura è eseguita parallela all'asse Z.
F	Avanzamento utilizzato dal ciclo per i movimenti eseguiti in lavorazione.

3.4 Esempi di programmazione

3.4.1 Esecuzione di una tornitura cilindrica

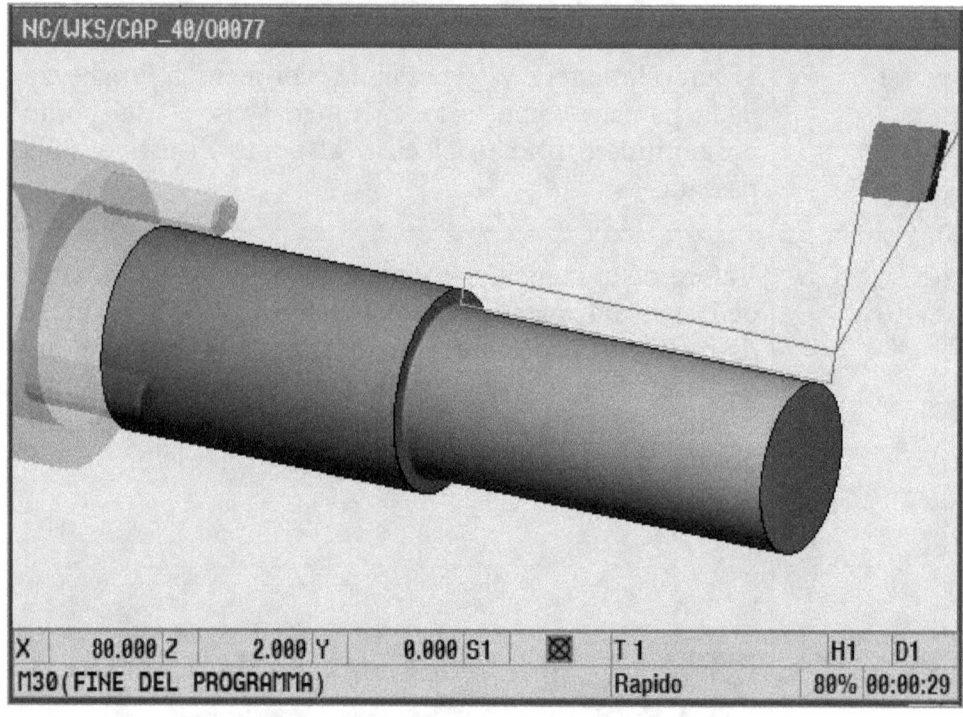

Fig. 8. G77: esempio di programmazione

```
%
O0771
(G77 TORNITURA CILINDRICA)
G290 ;ATTIVAZIONE LINGUAGGIO SIEMENS
WORKPIECE(,,,"CYLINDER",0,0,-110,-100,30)
G291 ;ATTIVAZIONE LINGUAGGIO FANUC
G18 (PIANO X-Z)
G90 (PROGRAMMAZIONE ASSOLUTA)

T0101 (UT. TORNITORE ESTERNO)
G97 S1000 M4 (ROTAZIONE MANDRINO NUM. DI GIRI FISSO)
G95 (AVANZAMENTO PROGRAMMATO IN MM/GIRO)

G0 X34 Z2 (PUNTO DI PARTENZA DEL CICLO)
G77 X25 Z-60 R0 F0.15
G0 X80 (ALLONTANAMENTO E CANCELLAZIONE DEL CICLO)
M5 (STOP ROTAZIONE MANDRINO)
M30(FINE DEL PROGRAMMA)
%
```

3.4.2 Esecuzione di una tornitura conica

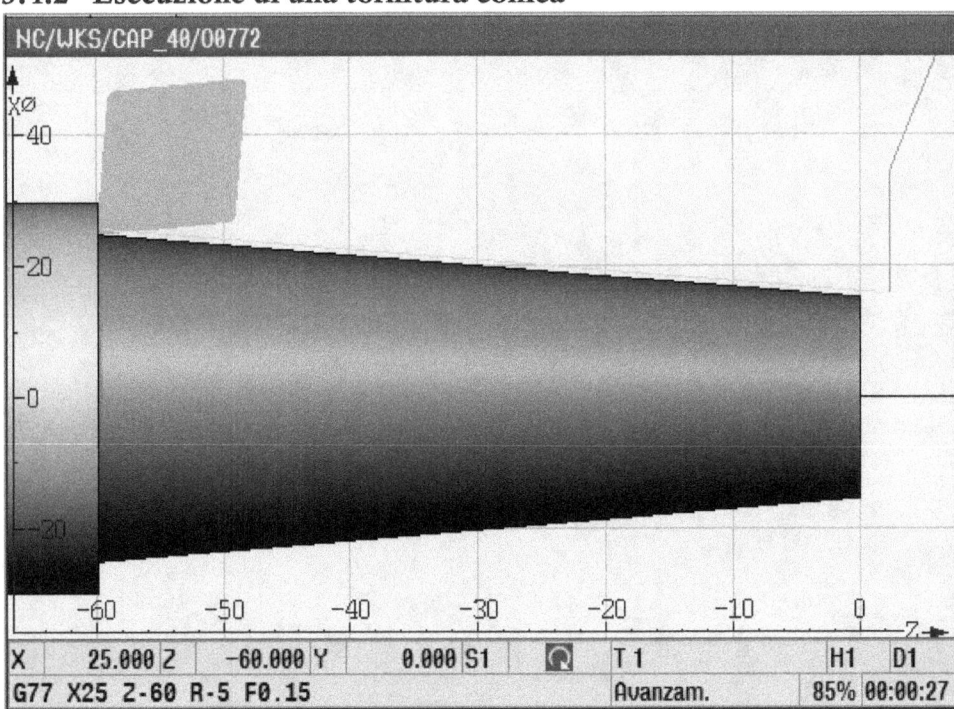

Fig. 9. G77: esempio di programmazione

```
%
O0772
(G77 TORNITURA CONICA)
G290 ;ATTIVAZIONE LINGUAGGIO SIEMENS
WORKPIECE(,,,"CYLINDER",0,0,-110,-100,30)
G291 ;ATTIVAZIONE LINGUAGGIO FANUC
G18 (PIANO X-Z)
G90 (PROGRAMMAZIONE ASSOLUTA)
T0101 (UT. TORNITORE ESTERNO)
G97 S1000 M4 (ROTAZIONE MANDRINO NUM. DI GIRI FISSO)
G95 (AVANZAMENTO PROGRAMMATO IN MM/GIRO)

G0 X34 Z2 (PUNTO DI PARTENZA DEL CICLO)
G77 X25 Z-60 R-5 F0.15
G0 X80 (ALLONTANAMENTO E CANCELLAZIONE DEL CICLO)
M5 (STOP ROTAZIONE MANDRINO)
M30(FINE DEL PROGRAMMA)
%
```

In questo esempio le coordinate del punto iniziale della passata sono X15, Z2.

28

4. G78: ciclo di filettatura con passata singola
(G92-A, G21-C)

4.1 Descrizione

Il ciclo esegue una passata singola di filettatura partendo dal punto in cui si trova l'utensile prima del ciclo.

Il ciclo esegue quattro movimenti.

1. Movimento rapido lungo l'asse X, dal punto programmato prima del ciclo, alla coordinata X programmata nel blocco G78.

2. Movimento di filettatura lungo l'asse Z, dal punto attuale, alla coordinata Z programmata nel blocco G78. La direzione di uscita dal filetto (45° o 90°) dipende dal valore impostato nei parametri di sistema spiegati successivamente.

3. Movimento rapido di ritorno, alla coordinata X di partenza programmata prima del ciclo.

4. Movimento rapido di ritorno, alla coordinata Z di partenza programmata prima del ciclo.

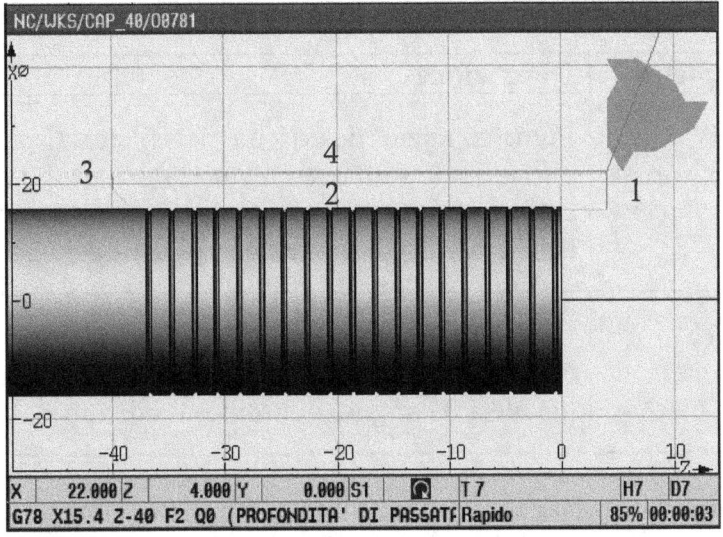

Fig. 10. G77: movimenti del ciclo

4.2 Funzioni di cancellazione del ciclo

Per cancellare questo ciclo, programmare un codice G del gruppo 01, diverso da G90, G92 o G94 se la macchina utilizza la codifica "A".

4.3 Parametri del CN legati al ciclo

Se alla fine del filetto è presente una gola di scarico si consiglia di far uscire l'utensile a 90°. Se alla fine della filettatura non è presente una gola di scarico si consiglia di far uscire l'utensile in maniera più graduale lungo un angolo impostabile tramite parametro.

La direzione ed il punto d'inizio dell'uscita dal filetto sono impostabili mediante i parametri del CN riportati qui di seguito.

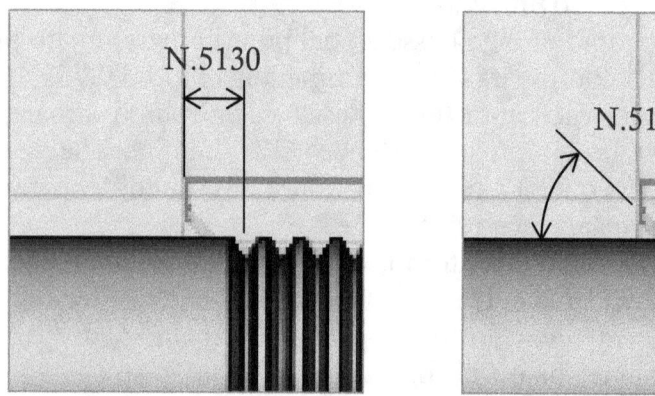

Fig. 11. Parametri che definiscono la direzione d'uscita dal filetto

Parametro	Descrizione
N. 5130	Punto d'inizio dell'uscita dal filetto rispetto alla quota finale sull'asse Z. Questa distanza è espressa come proporzione del passo con valori compresi tra 0.1F e 12.7F con incrementi di 0.1.
N. 5131	Direzione di uscita dal filetto espressa come angolo con valori compresi tra 1 e 89 gradi. Con valore uguale a 0 l'angolo di uscita sarà di 45°.

I parametri che specificano la distanza di inizio dello smusso e l'angolo dello smusso sono comuni a questo ciclo ed al ciclo di filettatura G76.

4.4   Parametri del ciclo

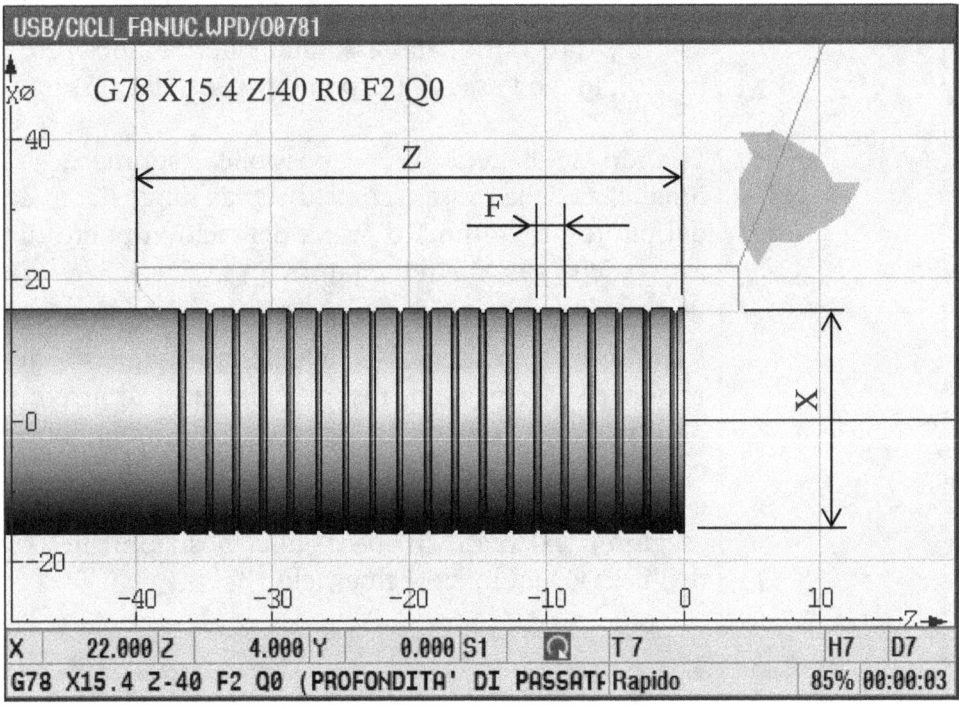

Fig. 12. G78: parametri del ciclo

Parametro	Descrizione
X	Diametro al quale eseguire la passata di filettatura.
(U)	Usando la lettera U è possibile esprimere il diametro al quale eseguire la passata come distanza diametrale lungo l'asse X tra il punto di partenza del ciclo ed il diametro della passata (con segno negativo per lavorazioni esterne).
Nota	Nel caso di filettature coniche il diametro da programmare è quello di arrivo della passata (la posizione di partenza sarà calcolata dal ciclo in base al parametro "R").

Z	Punto di arrivo della passata. Con la lettera Z si esprime la coordinata assoluta (riferita allo zero pezzo), lungo l'asse Z, del punto finale della passata.
(W)	Usando la lettera W è possibile esprimere la lunghezza della passata come distanza lungo l'asse Z dal punto programmato prima del ciclo al punto di arrivo della passata di filettatura.
R	Valore della conicità. È uguale al diametro di partenza della passata, meno il diametro di arrivo, diviso due. I diametri iniziale e finale non corrispondono necessariamente a quelli della conicità da realizzare ma a quelli della passata da eseguire, calcolati in base alle posizioni in Z dell'utensile ad inizio e fine ciclo. Assume valori negativi quando la conicità è caratterizzata da un diametro di partenza più piccolo del diametro di arrivo. Con valore uguale a zero o parametro non programmato la tornitura è eseguita parallela all'asse Z.
F	Passo del filetto.

Q	Angolo del mandrino al quale inizia la passata di filettatura. Il valore è espresso in millesimi di grado (per un angolo di 180° scrivere Q180000). 

4.5   Esempi di programmazione

4.5.1   Esecuzione di una filettatura cilindrica

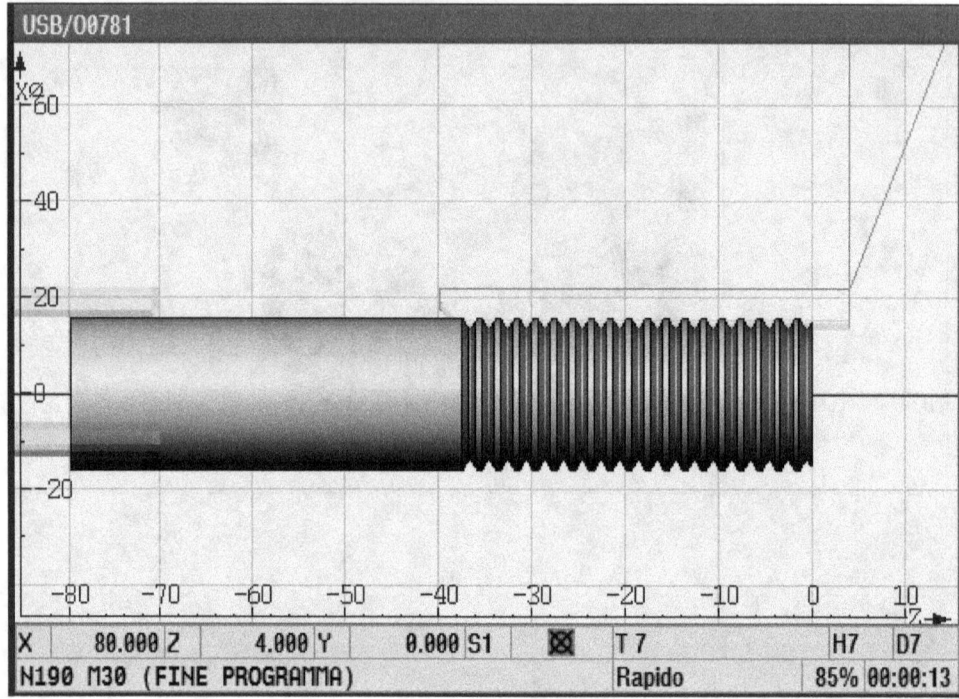

Fig. 13. G78: esempio di programmazione

```
%
O0781
(G78 FILETTATURA CICLINDRICA)
G290 ;ATTIVAZIONE LINGUAGGIO SIEMENS
WORKPIECE(,,,"CYLINDER",192,0,-80,-70,16)
G291 ;ATTIVAZIONE LINGUAGGIO FANUC
G18 (PIANO X-Z)
G90 (PROGRAMMAZIONE ASSOLUTA)

T0707 (UT. FILETTATORE ESTERNO)
G97 S1000 M3 (ROTAZIONE MANDRINO NUM. DI GIRI FISSO)
G95 (AVANZAMENTO PROGRAMMATO IN MM/GIRO)

G0 X22 Z4 (PUNTO DI PARTENZA DEL CICLO)
```
G78 X15.4 Z-40 R0 F2 Q0 (PROFONDITA' DI PASSATA RADIALE DI 0.3)
```
X14.9 (PROFONDITA' DI PASSATA RADIALE DI 0.25)
X14.5 (PROFONDITA' DI PASSATA RADIALE DI 0.20)
X14.2 (PROFONDITA' DI PASSATA RADIALE DI 0.15)
X13.96 (PROFONDITA' DI PASSATA RADIALE DI 0.12)
```

```
X13.86 (PROFONDITA' DI PASSATA RADIALE DI 0.05)
X13.80 (PROFONDITA' DI PASSATA RADIALE DI 0.03)
G0 X80 (CANCELLAZIONE DEL CICLO)
M5
M30
%
```

4.5.2 Esecuzione di una filettatura conica

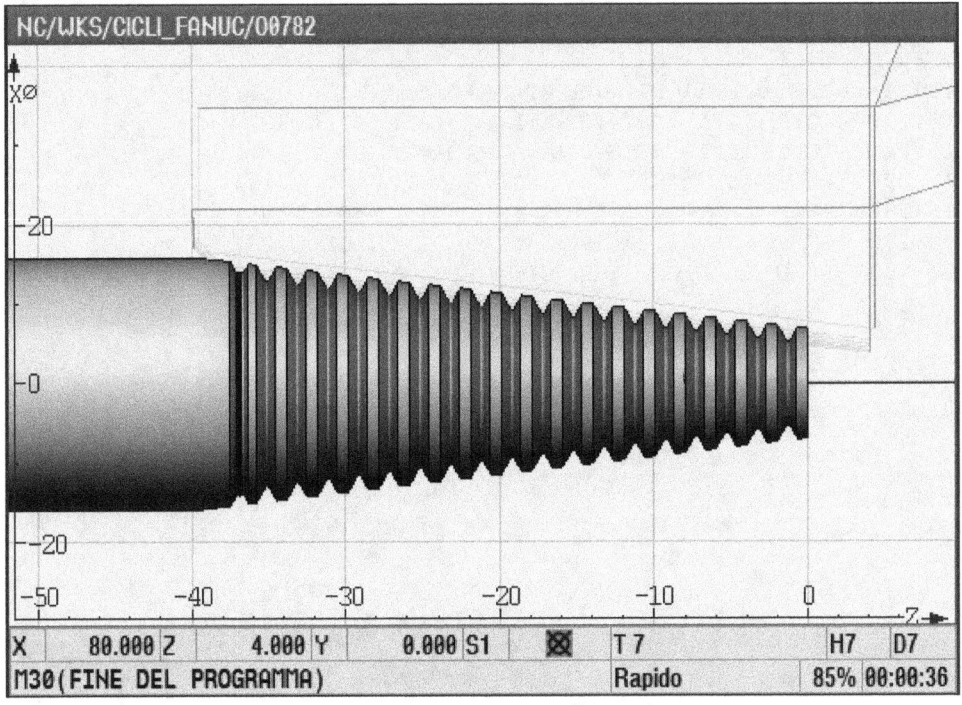

Fig. 14. G78: esempio di programmazione

```
%
O0782
(G78 FILETTATURA CONICA)
G290 ;ATTIVAZIONE LINGUAGGIO SIEMENS
WORKPIECE(,,,,"CYLINDER",0,0,-110,-100,16)
G291 ;ATTIVAZIONE LINGUAGGIO FANUC
G18 (PIANO X-Z)
G90 (PROGRAMMAZIONE ASSOLUTA)

T0101 (UT. TORNITORE ESTERNO)
G97 S1000 M4 (ROTAZIONE MANDRINO NUM. DI GIRI FISSO)
G0 X34 Z4 (PUNTO DI PARTENZA DEL CICLO)
G95 (AVANZAMENTO PROGRAMMATO IN MM/GIRO)
G77 X16 Z-40 R-5 F0.15
```

G0 X80 Z100 (CANCELLAZIONE DEL CICLO)

M5 (STOP DEL MANDRINO PER INVERSIONE)

T0707 (UT. FILETTATORE ESTERNO)
G97 S1000 M3 (ROTAZIONE MANDRINO NUM. DI GIRI FISSO)
G95 (AVANZAMENTO PROGRAMMATO IN MM/GIRO)

G0 X22 Z4 (PUNTO DI PARTENZA DEL CICLO)
G78 X15.4 Z-40 R-5 F2 Q0 (PROFONDITA' DI PASSATA RADIALE DI 0.3)
X14.9 (PROFONDITA' DI PASSATA RADIALE DI 0.25)
X14.5 (PROFONDITA' DI PASSATA RADIALE DI 0.20)
X14.2 (PROFONDITA' DI PASSATA RADIALE DI 0.15)
X13.96 (PROFONDITA' DI PASSATA RADIALE DI 0.12)
X13.86 (PROFONDITA' DI PASSATA RADIALE DI 0.05)
X13.80 (PROFONDITA' DI PASSATA RADIALE DI 0.03)
G0 X80 (CANCELLAZIONE DEL CICLO)

M5 (STOP ROTAZIONE MANDRINO)
M30(FINE DEL PROGRAMMA)
%

5. G79: ciclo di sfacciatura con passata singola
(G94-A, G24-C)

5.1 Descrizione

Il ciclo esegue una passata singola di tornitura parallela all'asse X partendo dal punto in cui si trova l'utensile prima del ciclo.

Il ciclo esegue quattro movimenti.

1 Movimento rapido lungo l'asse Z, dal punto programmato prima del ciclo, alla coordinata Z programmata nel blocco G79.

2 Movimento di lavoro lungo l'asse X, dal punto attuale, alla coordinata X programmata nel blocco G79.

3 Movimento di lavoro dalla fine della passata, alla coordinata Z di partenza programmata prima del ciclo.

4 Movimento rapido di ritorno alla coordinata X di partenza programmata prima del ciclo.

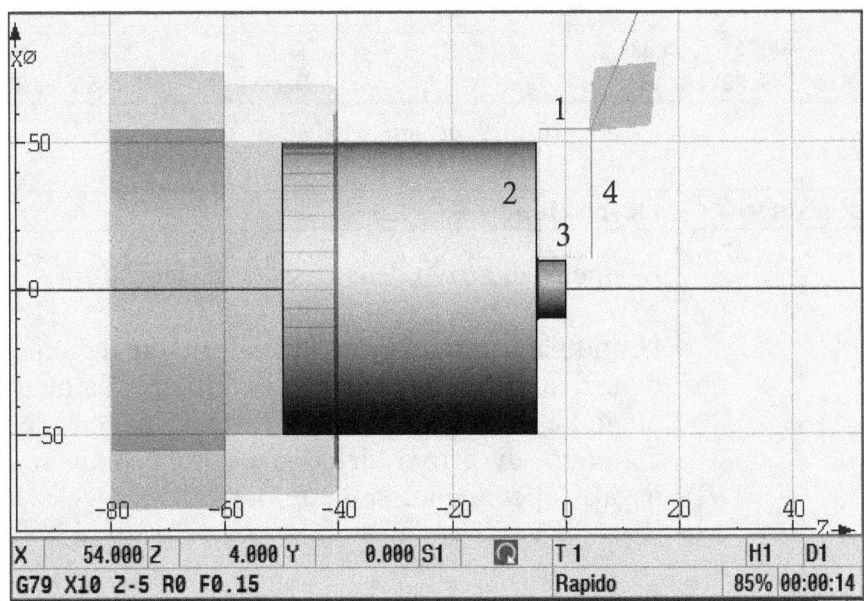

Fig. 15. G79: movimenti del ciclo

5.2   Funzioni di cancellazione del ciclo

Per cancellare questo ciclo, programmare un codice G del gruppo 01, diverso da G90, G92 o G94 se la macchina utilizza la codifica "A".

5.3   Parametri del ciclo

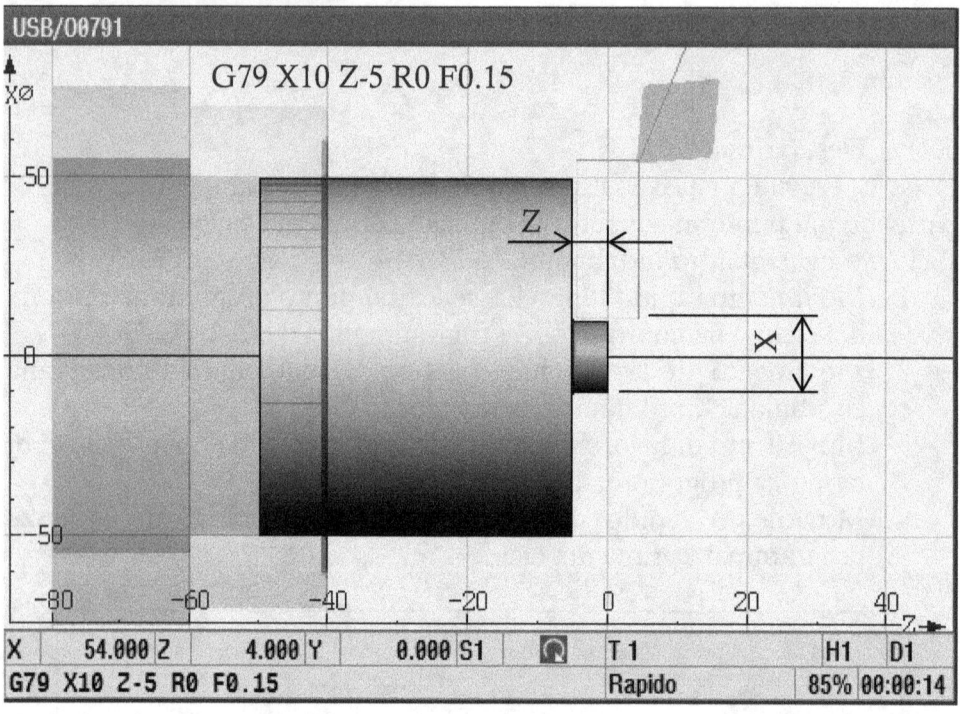

Fig. 16. G79: parametri del ciclo

Parametro	Descrizione
X	Diametro di arrivo della passata di sfacciatura.
(U)	Usando la lettera U è possibile esprimere il diametro di arrivo della passata come distanza diametrale lungo l'asse X tra il punto di partenza del ciclo ed il diametro di arrivo della sfacciatura (con segno negativo per lavorazioni esterne).

Z	Posizione in Z della passata di sfacciatura riferita allo zero pezzo.
(W)	Usando la lettera "W" è possibile esprimere la posizione alla quale seguire la passata come distanza lungo l'asse Z dal punto programmato prima del ciclo al punto di partenza della passata.
Nota	Nel caso di sfacciature coniche la coordinata da programmare è quella di arrivo della passata (la posizione di partenza sarà calcolata dal ciclo in base al parametro "R").

Continua

R	Valore della conicità. È uguale alla differenza tra la posizione in Z iniziale e la posizione in Z finale della passata. Le posizioni di inizio e fine della passata non corrispondono necessariamente alle posizioni di inizio e fine della conicità da realizzare ma a quelli della passata da eseguire, calcolati in base alla posizione in X dell'utensile ad inizio e fine ciclo. Nel ciclo rappresentato nella figura sottostante il valore di R è negativo. Con valore uguale a zero o parametro non programmato la sfacciatura è eseguita parallela all'asse X. 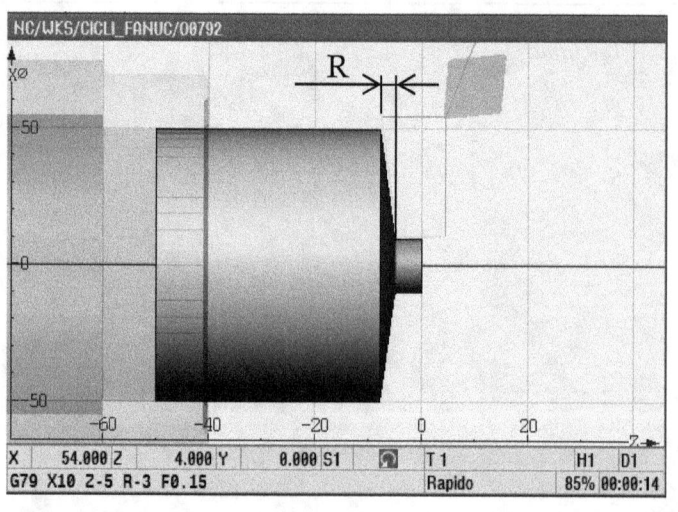
F	Avanzamento utilizzato dal ciclo per i movimenti eseguiti in lavorazione.

5.4   Esempi di programmazione

5.4.1   Esecuzione di una sfacciatura retta

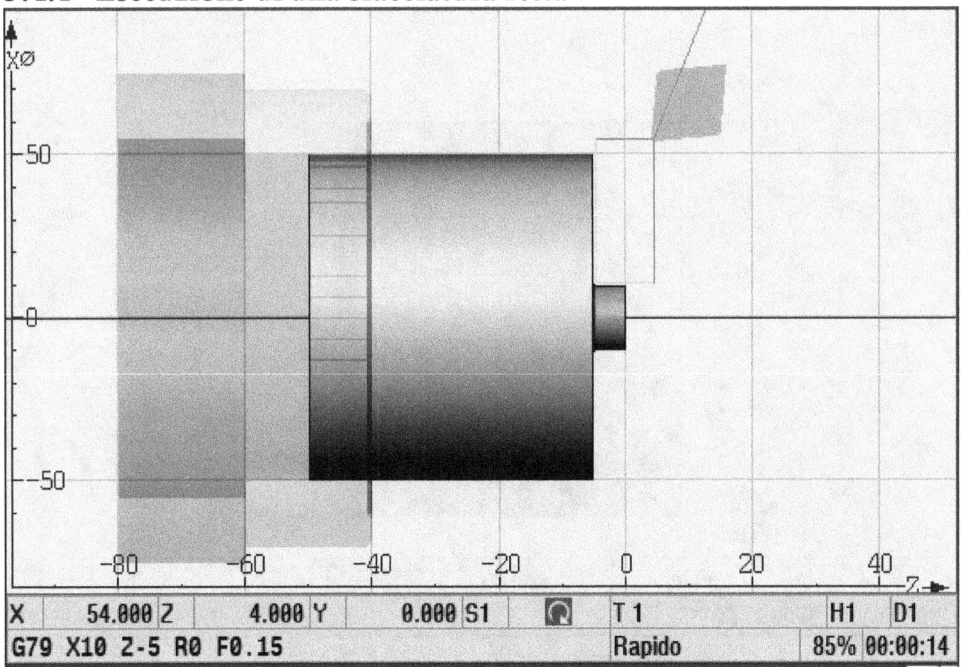

Fig. 17. G79: esempio di programmazione

```
%
O0791
(G79 PASSATA DI SFACCIATURA)
G290 ;ATTIVAZIONE LINGUAGGIO SIEMENS
WORKPIECE(,,,"CYLINDER",192,0,-50,-40,50)
G291 ;ATTIVAZIONE LINGUAGGIO FANUC
G18 (PIANO X-Z)
G90 (PROGRAMMAZIONE ASSOLUTA)

T0101 (UT. TORNITORE ESTERNO)
G92 S3000 (LIMITAZIONE DEL NUMERO MASSIMO DI GIRI)
G96 S100 M4 (ROTAZIONE MANDRINO CON VELOCITA' COSTANTE)
G95 (AVANZAMENTO PROGRAMMATO IN MM/GIRO)

G0 X54 Z4 (PUNTO DI PARTENZA DEL CICLO)
G79 X10 Z-5 R0 F0.15
G0 X80 (CANCELLAZIONE DEL CICLO)
M5 (STOP ROTAZIONE MANDRINO)
M30 (FINE PROGRAMMA)
%
```

5.4.2 Esecuzione di uno spallamento inclinato

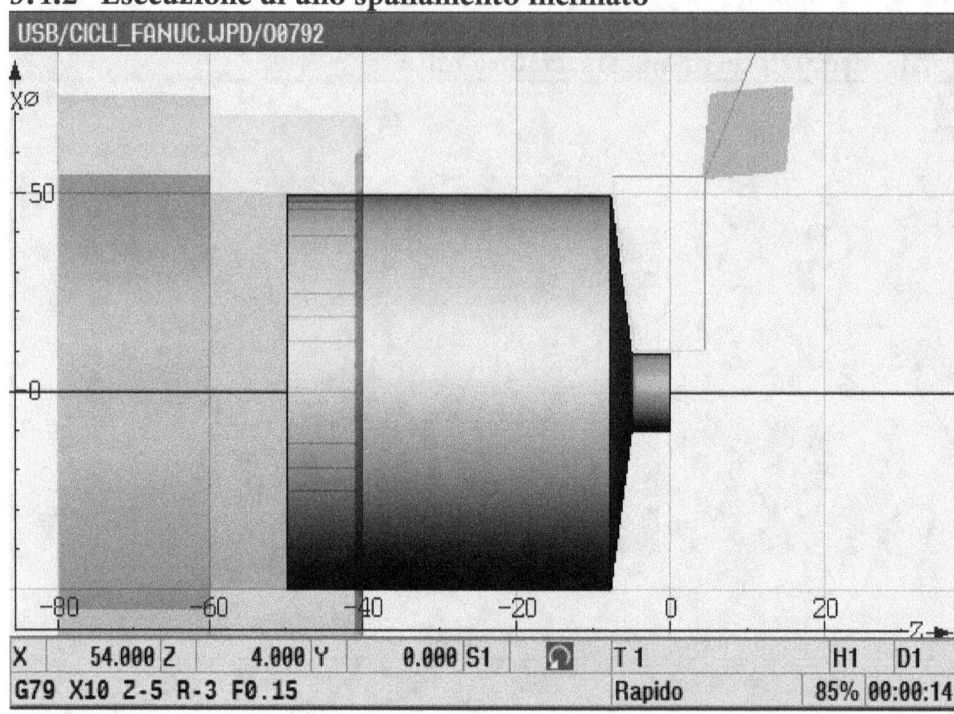

USB/CICLI_FANUC.WPD/O0792

| X | 54.000 | Z | 4.000 | Y | 0.000 | S1 | | T 1 | | H1 | D1 |
| G79 X10 Z-5 R-3 F0.15 | | | | | | | | Rapido | | 85% | 00:00:14 |

Fig. 18. G79: esempio di programmazione

```
%
O0792
(G79 PASSATA DI SFACCIATURA INCLINATA)
G290 ;ATTIVAZIONE LINGUAGGIO SIEMENS
WORKPIECE(,,,"CYLINDER",192,0,-50,-40,50)
G291 ;ATTIVAZIONE LINGUAGGIO FANUC
G18 G90 (PIANO X-Z, PROGRAMMAZIONE ASSOLUTA)

T0101 (UT. TORNITORE ESTERNO)
G92 S3000 (LIMITAZIONE DEL NUMERO MASSIMO DI GIRI)
G96 S100 M4 (ROTAZIONE MANDRINO CON VELOCITA' COSTANTE)
G95 (AVANZAMENTO PROGRAMMATO IN MM/GIRO)

G0 X54 Z4 (PUNTO DI PARTENZA DEL CICLO)
G79 X10 Z-5 R-3 F0.15
G0 X80 (CANCELLAZIONE DEL CICLO)
M5 (STOP ROTAZIONE MANDRINO)
M30 (FINE PROGRAMMA)
%
```

In questo esempio le coordinate del punto iniziale della passata sono X54, Z-8.

6. G70: ciclo di ripetizione di parte del programma
(G70-A, G72-C)

6.1 Descrizione

Il ciclo ripete parte di un programma compreso tra due numeri di blocco.
È anche chiamato **ciclo di finitura** perché spesso programmato dopo un
ciclo di sgrossatura per eseguire la passata di finitura del pezzo.
Alla fine del profilo il ciclo riporta l'utensile al punto programmato prima
del ciclo, questo punto si deve quindi trovare in una posizione che non
crei interferenza col materiale, è consigliato quindi un punto fuori dal
pezzo.

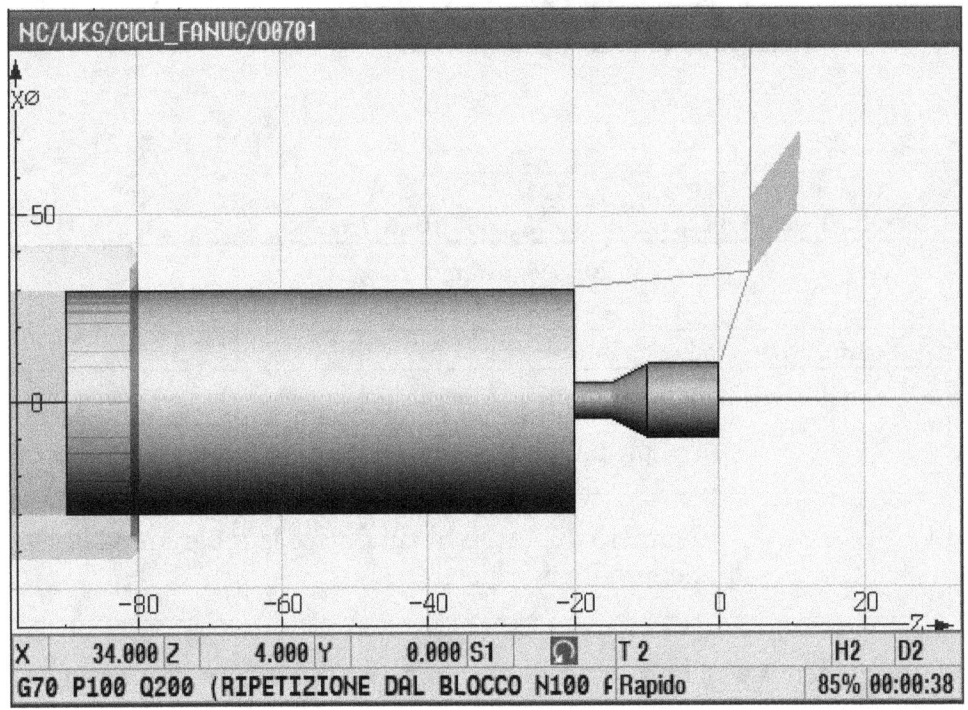

Fig. 19. G70: movimenti del ciclo

6.2 Funzioni di cancellazione del ciclo

Il ciclo è autocancellante, una volta eseguito il suo compito, non necessita di alcuna funzione per essere disattivato.

6.3 Parametri del ciclo

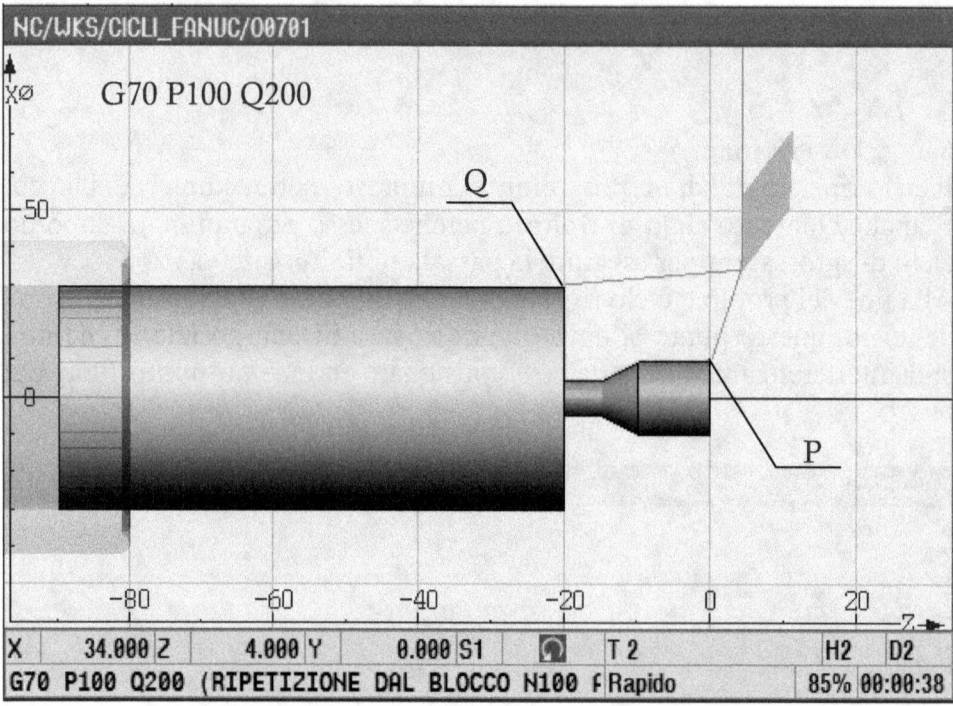

Fig. 20. G70: parametri del ciclo

Parametro	Descrizione
P	Numero di blocco in cui inizia la programmazione del profilo da ripetere.
Q	Numero di blocco in cui finisce la programmazione del profilo da ripetere.

L'avanzamento di lavoro usato dal ciclo è quello attivo o programmato tra i parametri "P" e "Q".

6.4 Esempi di programmazione

6.4.1 Esecuzione di una finitura

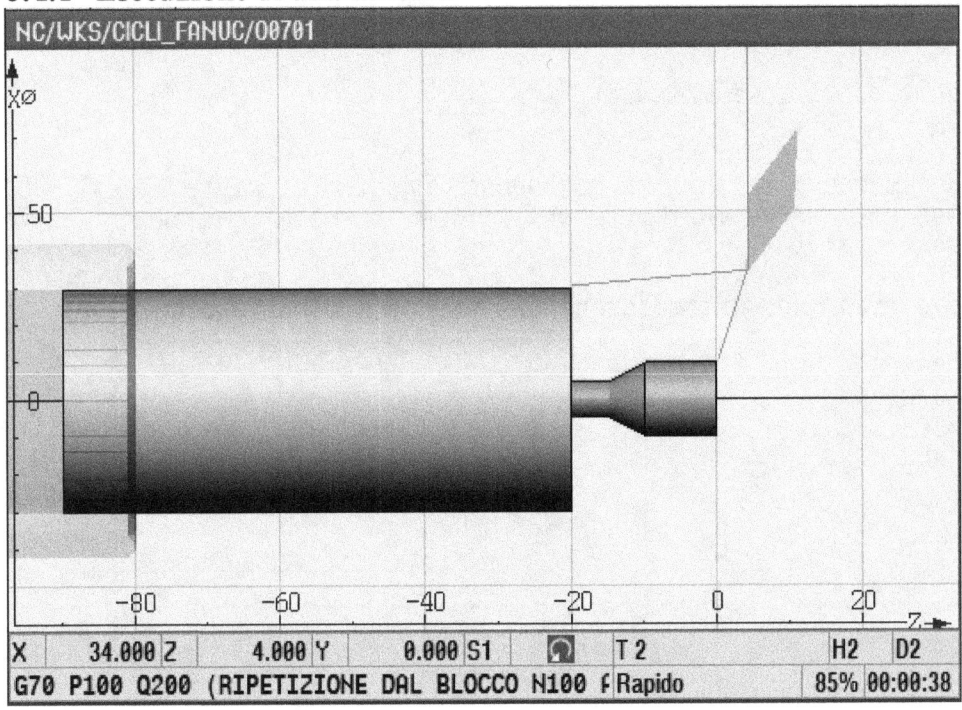

Fig. 21. G70: esempio di programmazione

```
%
O0701
(G70 RIPETIZIONE DI PARTE DEL PROGRAMMA)
G290 ;ATTIVAZIONE LINGUAGGIO SIEMENS
WORKPIECE(,,,"CYLINDER",192,0,-90,-80,30)
G291 ;ATTIVAZIONE LINGUAGGIO FANUC
G18 (PIANO X-Z)
G90 (PROGRAMMAZIONE ASSOLUTA)

(SGROSSATURA)
T0202 (UT. TORNITORE ESTERNO)
G92 S3000 (LIMITAZIONE DEL NUMERO MASSIMO DI GIRI)
G96 S100 M4 (ROTAZIONE MANDRINO CON VELOCITA' COSTANTE)
G95 (AVANZAMENTO PROGRAMMATO IN MM/GIRO)

G0 X30 Z4 (PUNTO PRIMA DEL CICLO)
G71 U2 R1
G71 P100 Q200 U1 W0.1 F0.15

(PROGRAMMAZIONE DEL PROFILO)
```

```
N100 G0 X10 Z0 (BLOCCO INIZIO PROFILO)
G1 Z-10 F0.08
G1 Z-15 X5
G1 Z-20
N200 G1 X30 (BLOCCO FINE PROFILO)

G0 X150 (ALLONTANAMENTO)

T0202 (UT. FINITORE)
G92 S3000 (LIMITAZIONE DEL NUMERO MASSIMO DI GIRI)
G96 S120 M4 (ROTAZIONE MANDRINO CON VELOCITA' COSTANTE)
G0 Z4 X34

G70 P100 Q200 (RIPETIZIONE DAL BLOCCO N100 AL BLOCCO N200)

G0 X200
G0 Z200
M5
M30
%
```

6.4.2 Ripetizione di una gola

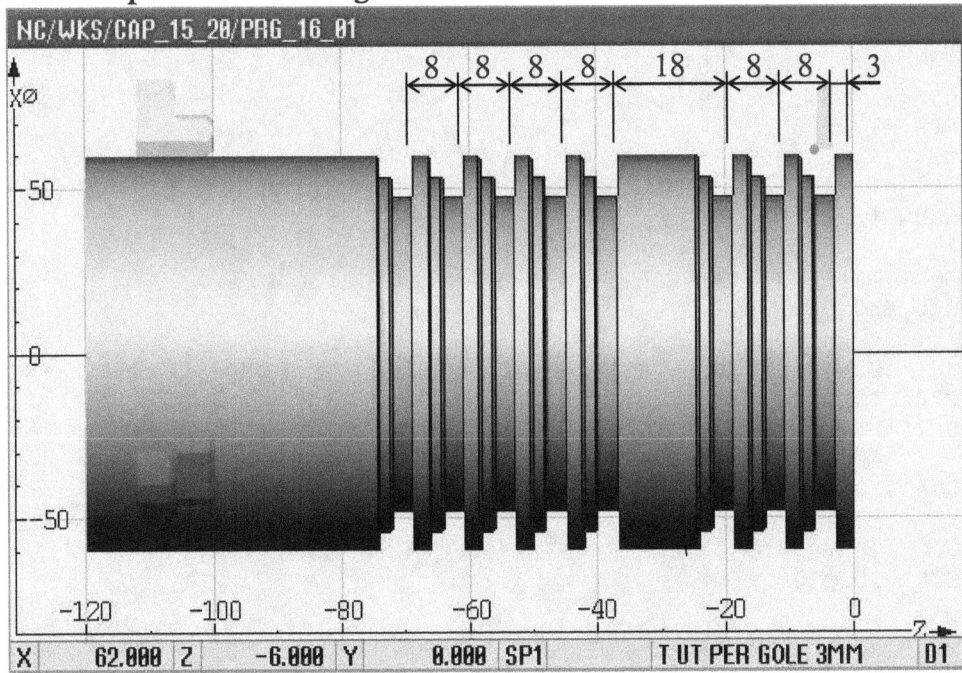

Fig. 22. G70: esempio di programmazione

```
%
O0702
(G70 RIPETIZIONE DI UNA GOLA)
G290 ;ATTIVAZIONE LINGUAGGIO SIEMENS
WORKPIECE(,,,"CYLINDER",0,0,-120,-100,60)
G291 ;ATTIVAZIONE LINGUAGGIO FANUC
G18 (PIANO X-Z)
G90 (PROGRAMMAZIONE ASSOLUTA)

(ESECUZIONE DELLA PRIMA GOLA)
T1010 (UT. PER GOLE LARGO 3MM CON TAGLIENTE AZZERATO A
SINISTRA)
G97 S1150 M4

(SGROSSATURA DELLA GOLA)
G0 X62 Z-6

N10 G1 X48.1 F0.12
G1 X62 F1
G91 G1 Z-2
G90 G1 X54.1 F0.12
G1 X62 F1
```

```
(ESECUZIONE DEGLI SMUSSI E FINITURA DEL PROFILO)
G1 G91 Z-0.5
G90 G1 X60 F0.12
G91 G1 Z0.5 ,A-45
G90 G1 X54
G91 G1 Z1.5
G1 Z0.5 ,A-45
G90 G1 X48
N20 G1 X62 F1

G0 Z-14 (PUNTO DI PARTENZA DELLA SECONDA GOLA)
G70 P10 Q20

G0 Z-22 (PUNTO DI PARTENZA DELLA TERZA GOLA)
G70 P10 Q20

G0 Z-40 (PUNTO DI PARTENZA DELLA QUARTA GOLA)
G70 P10 Q20

G0 Z-48 (PUNTO DI PARTENZA DELLA QUINTA GOLA)
G70 P10 Q20

G0 Z-56 (PUNTO DI PARTENZA DELLA SESTA GOLA)
G70 P10 Q20

G0 Z-64 (PUNTO DI PARTENZA DELLA SETTIMA GOLA)
G70 P10 Q20

G0 Z-72 (PUNTO DI PARTENZA DELLA OTTAVA GOLA)
G70 P10 Q20

G0 X200
G0 Z200

M5
M30
%
```

7. G71: ciclo di sgrossatura lungo l'asse Z
(G71-A, G73-C)

7.1 Descrizione

Il ciclo esegue la rimozione completa del materiale che eccede il profilo da realizzare con passate parallele all'asse Z, lasciando eventualmente del sovrametallo per eseguire la finitura del pezzo.

Il ciclo permette di impostare la profondità di passata con valore radiale, la distanza di allontanamento a fine passata, il blocco di inizio e fine del profilo da sgrossare, il sovrametallo da lasciare per la finitura e l'avanzamento specifico usato durante le passate di sgrossatura.

È importante sottolineare che attraverso la programmazione del primo blocco del profilo da sgrossare si determinano due differenti tipologie di applicazione del ciclo. Queste due tipologie sono chiamate nei manuali Fanuc: tipo 1 e tipo 2.

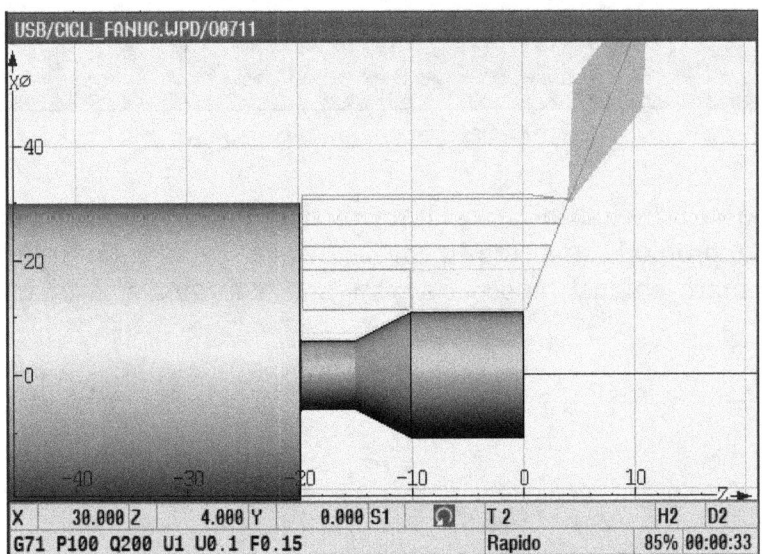

Fig. 23. G71: movimenti del ciclo

7.1.1 Ciclo di sgrossatura tipo 1

Il ciclo di sgrossatura di tipo 1 è caratterizzato dai seguenti vincoli.

- Non esegue la sgrossatura di parti in ombra del profilo. Le parti in ombra sono parti decrescenti del profilo, chiamate sottosquadri o tasche (nei manuali Fanuc questo tipo di profilo è chiamato non monotono).
- Alla fine della passata si allontana sempre a 45°.
- Si avvicina al materiale partendo dalla quota in Z programmata prima del ciclo.

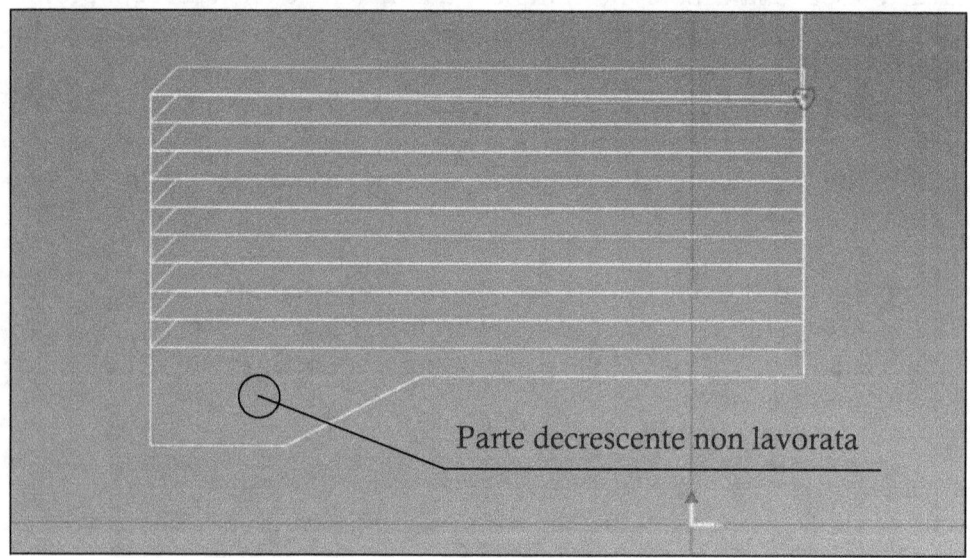

Parte decrescente non lavorata

Fig. 24. G71: ciclo di sgrossatura tipo 1

Per impostare il ciclo di sgrossatura di tipo 1 programmare nel primo blocco del profilo la sola coordinata X.
Programmare poi nel blocco successivo la coordinata Z di inizio del profilo.

```
N10 G1 X10 (CICLO TIPO 1)
G1 Z0
G1 Z-10
G1 Z-15 X5
G1 Z-20
N20 G1 X30
```

7.1.2 Ciclo di sgrossatura tipo 2

Il ciclo di sgrossatura di tipo 2 è caratterizzato dai seguenti vincoli.
- Esegue la sgrossatura di parti in ombra del profilo.
- Alla fine della passata segue il profilo per eliminare il materiale eventualmente lasciato dalla forma dell'utensile.
- Si avvicina al materiale recuperando la distanza che c'è tra la quota in Z programmata prima del ciclo ed il punto Z di inizio del profilo.

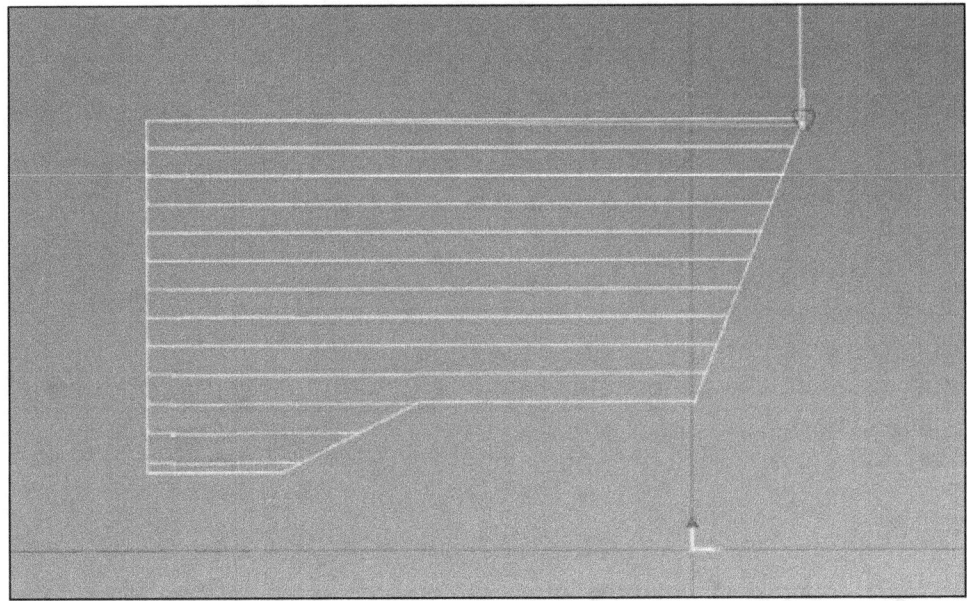

Fig. 25. G71: ciclo di sgrossatura tipo 2

Per impostare il ciclo di sgrossatura di tipo 2 programmare nel primo blocco del profilo entrambe le coordinate X e Z.

```
N10 G1 X10 Z0 (CICLO TIPO 2)
G1 Z-10
G1 Z-15 X5
G1 Z-20
N20 G1 X30
```

7.1.3 Impostazione della velocità di avvicinamento

In entrambe le tipologie di ciclo programmare G0 nel primo blocco se si vuole far avvicinare l'utensile in rapido prima della passata, oppure G1 per farlo avvicinare con il movimento di lavoro.

```
N10 G0 X10 (G1 X10)
G1 Z0
G1 Z-10
G1 Z-15 X5
G1 Z-20
N20 G1 X30
```

7.2 Funzioni di cancellazione del ciclo

Il ciclo è autocancellante, una volta eseguito il suo compito, non necessita di alcuna funzione per essere disattivato.

7.3 Parametri del CN legati al ciclo

La passata di prefinitura è una passata continua su tutto il profilo che il ciclo esegue dopo l'esecuzione della sgrossatura.

Può essere utile quando si imposta il ciclo di tipo 1 per spianare tutti gli spallamenti.

Può essere una perdita di tempo quando si imposta il ciclo di tipo 2.

Per eliminare questa passata è necessario cambiare un parametro macchina.

Parametro	Descrizione
N. 5105.1	Bit RF1 = 0 la passata di prefinitura viene eseguita = 1 la passata di prefinitura non viene eseguita

7.4   Parametri del ciclo

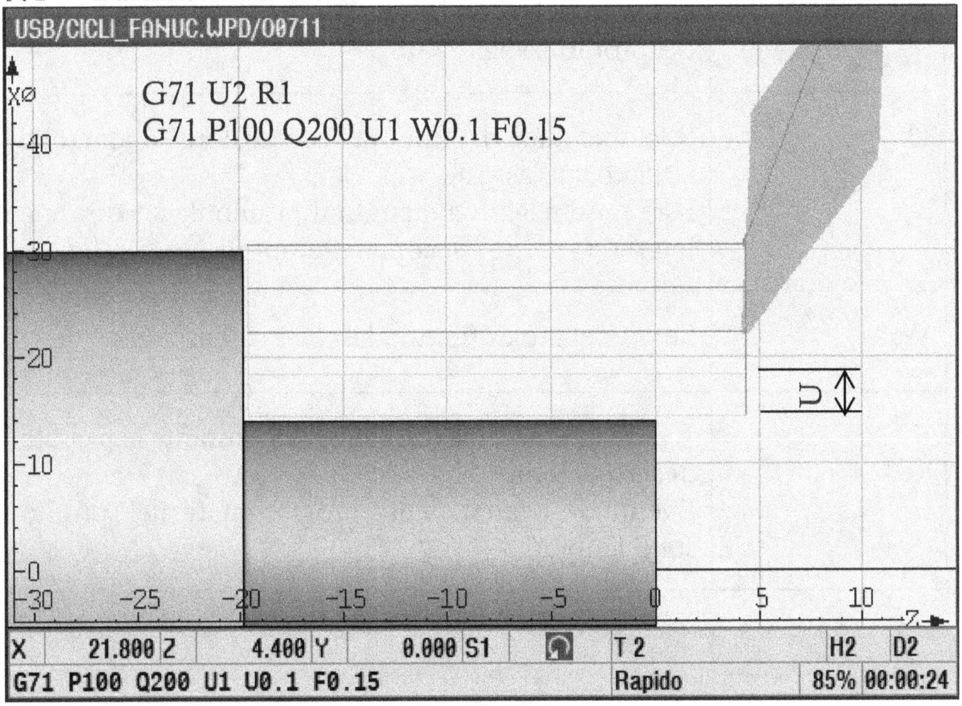

Fig. 26. G71: parametri del ciclo

Primo blocco

Parametro	Descrizione
U	Profondità di passata radiale. Ha segno negativo quando il profilo da sgrossare è interno (vedere il secondo esempio).
R	Distanza di allontanamento in X e Z a fine passata.

Secondo blocco

Parametro	Descrizione
P	Numero di blocco in cui inizia la programmazione del profilo da sgrossare.

Q	Numero di blocco in cui finisce la programmazione del profilo da sgrossare.
U	Sovrametallo di finitura con valore diametrale lasciato sull'asse X. Ha segno negativo quando il profilo da sgrossare è interno (vedere il secondo esempio).
W	Sovrametallo di finitura lasciato sull'asse Z.
F	Avanzamento di lavoro utilizzato durante le passate di sgrossatura. Eventuali avanzamenti programmati nel profilo sono ignorati.

7.5   Esempi di programmazione

7.5.1 Esecuzione di una sgrossatura esterna

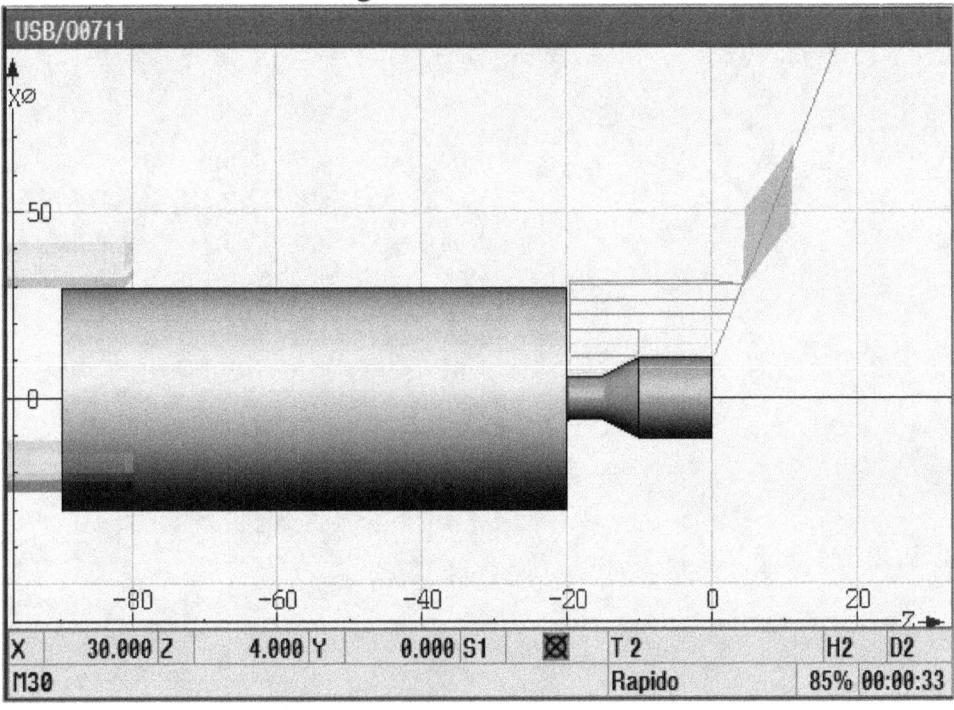

Fig. 27. G71: esempio di programmazione

```
%
O0711
(G71 CICLO DI SGROSSATURA LUNGO L'ASSE Z)
G290 ;ATTIVAZIONE LINGUAGGIO SIEMENS
WORKPIECE(,,,"CYLINDER",192,0,-90,-80,30)
G291 ;ATTIVAZIONE LINGUAGGIO FANUC
G18 (PIANO X-Z)
G90 (PROGRAMMAZIONE ASSOLUTA)

(SGROSSATURA)
T0202 (UT. TORNITORE ESTERNO)
G92 S3000 (LIMITAZIONE DEL NUMERO MASSIMO DI GIRI)
G96 S100 M4 (ROTAZIONE MANDRINO CON VELOCITA' COSTANTE)
G95 (AVANZAMENTO PROGRAMMATO IN MM/GIRO)

G0 X30 Z4 (PUNTO PRIMA DEL CICLO)
G71 U2 R1
G71 P100 Q200 U1 W0.1 F0.15

(PROGRAMMAZIONE DEL PROFILO)
```

```
N100 G1 X10 (BLOCCO INIZIO PROFILO)
G1 Z0
G1 Z-10
G1 Z-15 X5
G1 Z-20
N200 G1 X30 (BLOCCO FINE PROFILO)

G0 X200 (ALLONTANAMENTO)
G0 Z200
M5
M30
%
```

7.5.2 Esecuzione di una sgrossatura interna

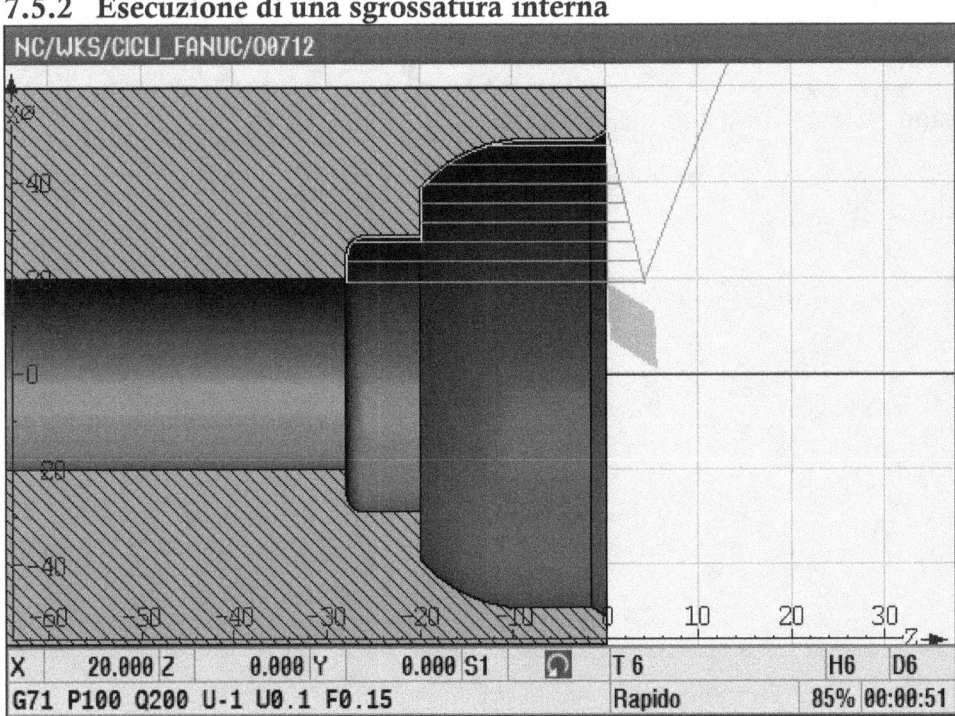

Fig. 28. G71: esempio di programmazione

```
%
O0712
(G71 CICLO DI SGROSSATURA INTERNO LUNGO L'ASSE Z)
G290 ;ATTIVAZIONE LINGUAGGIO SIEMENS
WORKPIECE(,,,"PIPE",192,0,-90,-80,60,20)
G291 ;ATTIVAZIONE LINGUAGGIO FANUC
G18 (PIANO X-Z)
G90 (PROGRAMMAZIONE ASSOLUTA)

(SGROSSATURA)
T0606 (UT. TORNITORE PER INTERNI)
G92 S3000 (LIMITAZIONE DEL NUMERO MASSIMO DI GIRI)
G96 S80 M4 (ROTAZIONE MANDRINO CON VELOCITA' COSTANTE)
G95 (AVANZAMENTO PROGRAMMATO IN MM/GIRO)

G0 X20 Z4 (PUNTO PRIMA DEL CICLO)
G71 U-2 R1
G71 P100 Q200 U-1 W0.1 F0.15

(PROGRAMMAZIONE DEL PROFILO)
N100 G0 X52 Z0 (BLOCCO INIZIO PROFILO)
G1 X50 ,A210 F0.1
```

```
G1 Z-10
G3 X40 Z-20 R15
G1 X30
G1 Z-28 ,R2
N200 G1 X20 (BLOCCO FINE PROFILO)

G0 Z200 (ALLONTANAMENTO)
G0 X200
M5
M30
%
```

8. G72: ciclo di sgrossatura lungo l'asse X
(G72-A, G74-C)

8.1 Descrizione

Il ciclo esegue la rimozione completa del materiale che eccede il profilo da realizzare con passate parallele all'asse X, lasciando eventualmente del sovrametallo per eseguire la finitura del pezzo.

Il ciclo permette di impostare la larghezza della passata, la distanza di allontanamento a fine passata, il blocco di inizio e fine del profilo da sgrossare, il sovrametallo da lasciare per la finitura e l'avanzamento specifico usato durante le passate di sgrossatura.

Come già visto per il ciclo G71, anche G72, in funzione delle coordinate presenti nel primo blocco del profilo da sgrossare, propone le due differenti tipologie di applicazione del ciclo (ciclo tipo 1 e ciclo tipo 2).

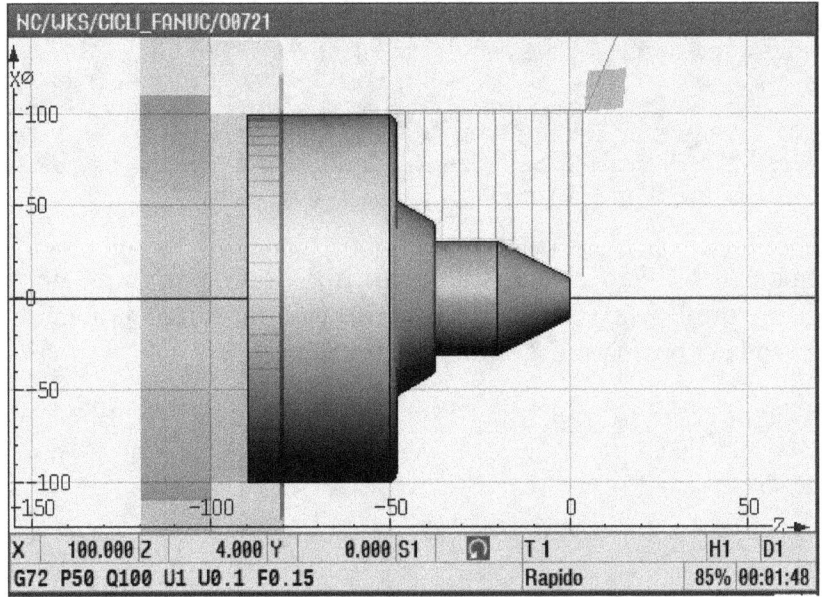

Fig. 29. G72: movimenti del ciclo

8.1.1 Ciclo di sgrossatura tipo 1

Il ciclo di sgrossatura di tipo 1 è caratterizzato dai seguenti vincoli.

- Non esegue la sgrossatura di parti in ombra del profilo. Le parti in ombra sono parti decrescenti del profilo, chiamate sottosquadri o tasche (nei manuali Fanuc questo tipo di profilo è chiamato non monotono).
- Alla fine della passata si allontana sempre a 45°.
- Si avvicina al materiale partendo dalla quota in Z programmata prima del ciclo.

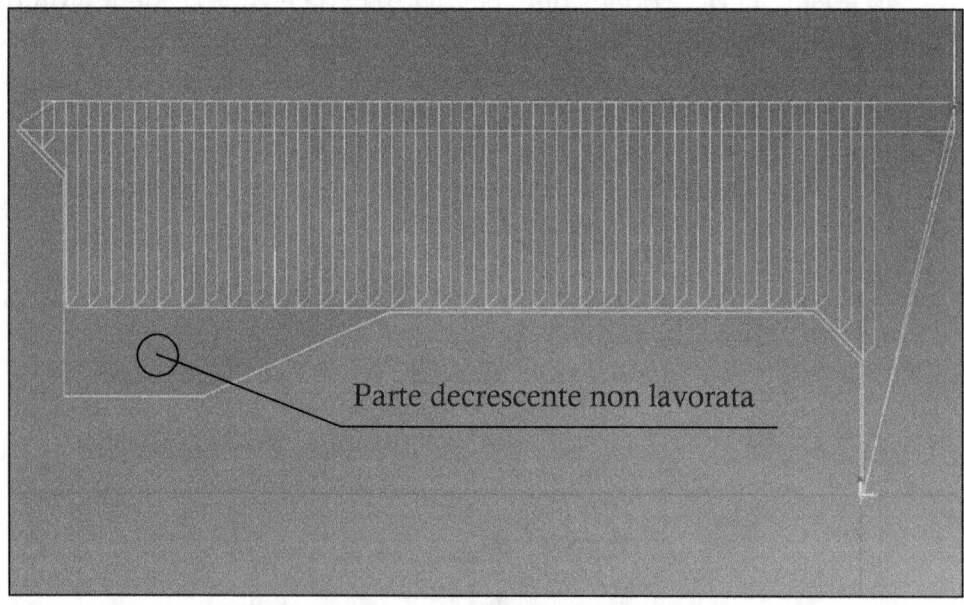

Fig. 30. G72: ciclo di sgrossatura tipo 1

Per impostare il ciclo di sgrossatura di tipo 1 programmare nel primo blocco del profilo la sola coordinata X. Programmare poi nel blocco successivo la coordinata Z di inizio del profilo.

```
N50 G1 X100  (CICLO TIPO 1)
G1 Z-58
G1 Z-48 ,R4
G1 X52
G1 X40 ,A330 ,R2
G1 X30
G1 Z-20
N100 G1 X10 Z0
```

8.1.2 Ciclo di sgrossatura tipo 2

Il ciclo di sgrossatura di tipo 2 è caratterizzato dai seguenti vincoli.
- Esegue la sgrossatura di parti in ombra del profilo.
- Alla fine della passata segue il profilo per eliminare il materiale eventualmente lasciato dalla forma dell'utensile.
- Si avvicina al materiale recuperando la distanza che c'è tra la quota in Z programmata prima del ciclo ed il punto Z di inizio del profilo.

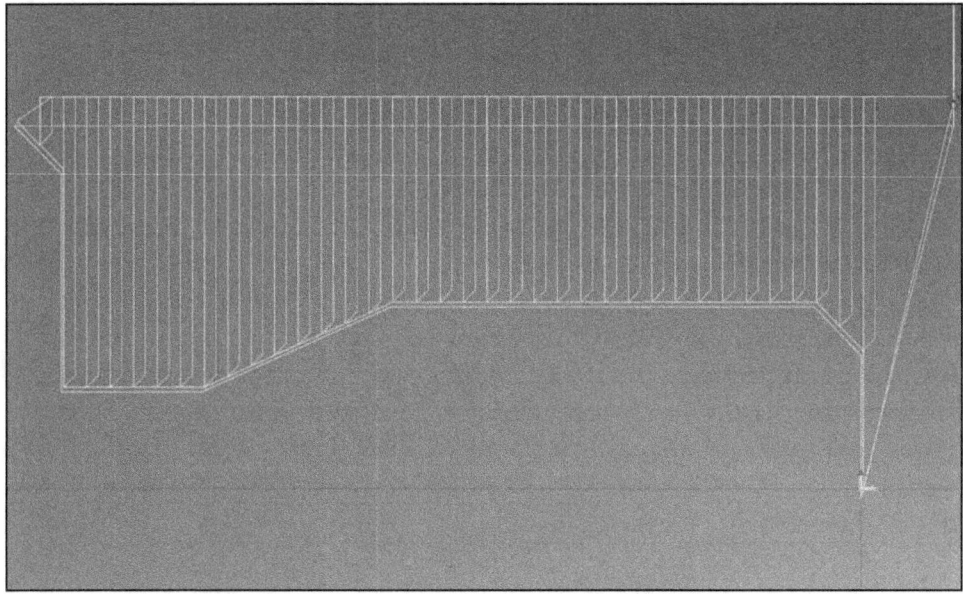

Fig. 31. G72: ciclo di sgrossatura tipo 2

Per impostare il ciclo di sgrossatura di tipo 2 programmare nel primo blocco del profilo entrambe le coordinate X e Z.

```
N50 G1 X100 Z-58 (CICLO TIPO 2)
G1 Z-48 ,R4
G1 X52
G1 X40 ,A330 ,R2
G1 X30
G1 Z-20
N100 G1 X10 Z0
```

8.1.3 Impostazione della velocità di avvicinamento

In entrambe le tipologie di ciclo programmare G0 nel primo blocco se si vuole far avvicinare l'utensile in rapido prima della passata, oppure G1 per farlo avvicinare con il movimento di lavoro.

```
N50 G0 X100 (G1 X100)
G1 Z-58
G1 Z-48 ,R4
G1 X52
G1 X40 ,A330 ,R2
G1 X30
G1 Z-20
N100 G1 X10 Z0
```

8.2   Funzioni di cancellazione del ciclo

Il ciclo è autocancellante, una volta eseguito il suo compito, non necessita di alcuna funzione per essere disattivato.

8.3   Parametri del CN legati al ciclo

La passata di prefinitura è una passata continua su tutto il profilo che il ciclo esegue dopo l'esecuzione del ciclo. Per eliminare questa passata è necessario cambiare un parametro macchina.

Parametro	Descrizione
N. 5105.1	Bit RF1 = 0 la passata di prefinitura viene eseguita = 1 la passata di prefinitura non viene eseguita

8.4 Parametri del ciclo

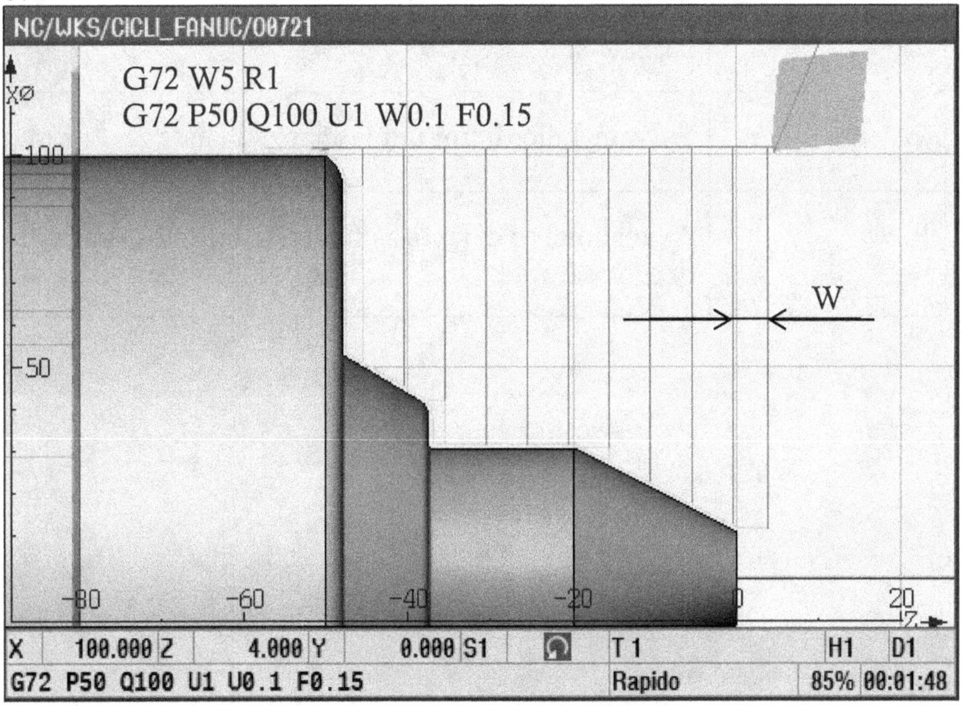
NC/WKS/CICLI_FANUC/O0721
G72 W5 R1
G72 P50 Q100 U1 W0.1 F0.15
W
X 100.000 Z 4.000 Y 0.000 S1
T1 H1 D1
G72 P50 Q100 U1 U0.1 F0.15
Rapido 85% 00:01:48

Fig. 32. G72: parametri del ciclo

Primo blocco

Parametro	Descrizione
W	Larghezza della passata.
R	Distanza di allontanamento in X e Z a fine passata.

Secondo blocco

Parametro	Descrizione
P	Numero di blocco in cui inizia la programmazione del profilo da sgrossare.
Q	Numero di blocco in cui finisce la programmazione del profilo da sgrossare.

U	Sovrametallo di finitura con valore diametrale lasciato sull'asse X.
W	Sovrametallo di finitura lasciato sull'asse Z.
F	Avanzamento di lavoro utilizzato durante le passate di sgrossatura.

8.5 Esempio di programmazione

8.5.1 Esecuzione di una sgrossatura

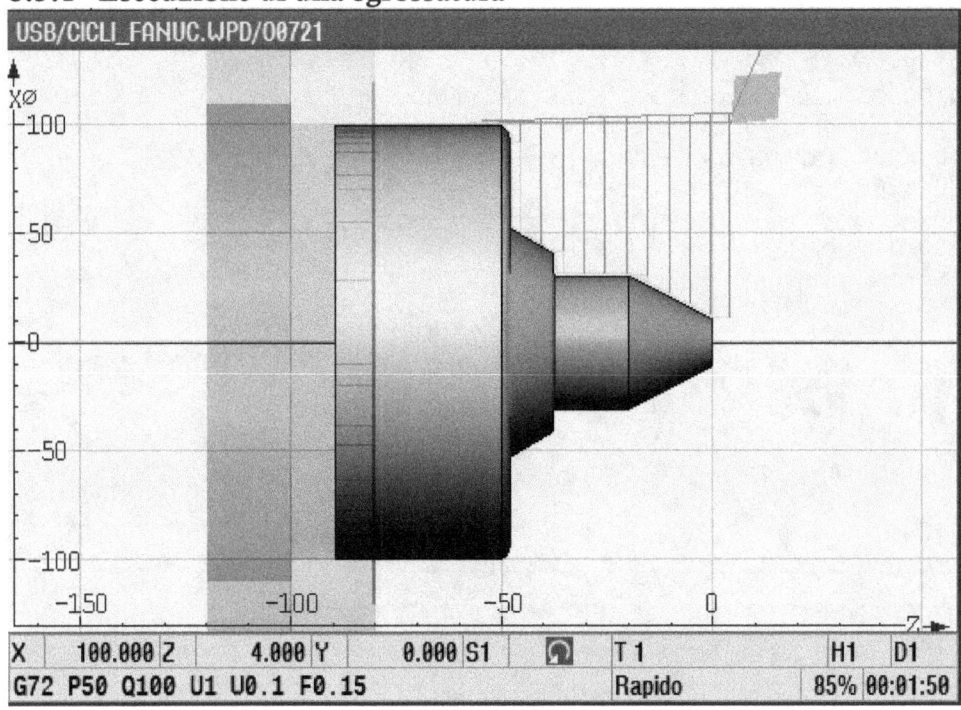

Fig. 33. G72: esempio di programmazione

```
%
O0721
(G72 CICLO DI SGROSSATURA LUNGO L'ASSE X)
G290 ;ATTIVAZIONE LINGUAGGIO SIEMENS
WORKPIECE(,,,"CYLINDER",192,0,-90,-80,100)
G291 ;ATTIVAZIONE LINGUAGGIO FANUC
G18 (PIANO X-Z)
G90 (PROGRAMMAZIONE ASSOLUTA)

(SGROSSATURA)
T0101 (UT. TORNITORE ESTERNO)
G92 S3000 (LIMITAZIONE DEL NUMERO MASSIMO DI GIRI)
G96 S100 M4 (ROTAZIONE MANDRINO CON VELOCITA' COSTANTE)
G95 (AVANZAMENTO PROGRAMMATO IN MM/GIRO)

G0 X104 Z4 (PUNTO PRIMA DEL CICLO)
G72 W5 R1
G72 P50 Q100 U1 W0.1 F0.15

(PROGRAMMAZIONE DEL PROFILO)
```

```
N50 G0 X100 Z-58 (BLOCCO INIZIO PROFILO)
G1 Z-48 ,R4
G1 X52
G1 X40 ,A330 ,R2
G1 X30
G1 Z-20
N100 G1 X10 Z0 (BLOCCO FINE PROFILO)

G0 X200 (ALLONTANAMENTO)
G0 Z200
M5
M30
%
```

9. G73: ciclo di sgrossatura parallela al profilo
(G73-A, G75-C)

9.1 Descrizione

Il ciclo è ideale per eseguire la sgrossatura di pezzi sagomati. Esegue la rimozione completa del materiale che eccede il profilo da realizzare con passate parallele al profilo stesso, lasciando eventualmente del sovrametallo per eseguire la finitura del pezzo.

Il ciclo permette di impostare la quantità di materiale da asportare sull'asse X, la quantità di materiale da asportare sull'asse Z, il numero di ripetizioni del profilo (che determinerà la profondità di passata), il sovrametallo da lasciare per la finitura e l'avanzamento specifico usato durante le passate di sgrossatura.

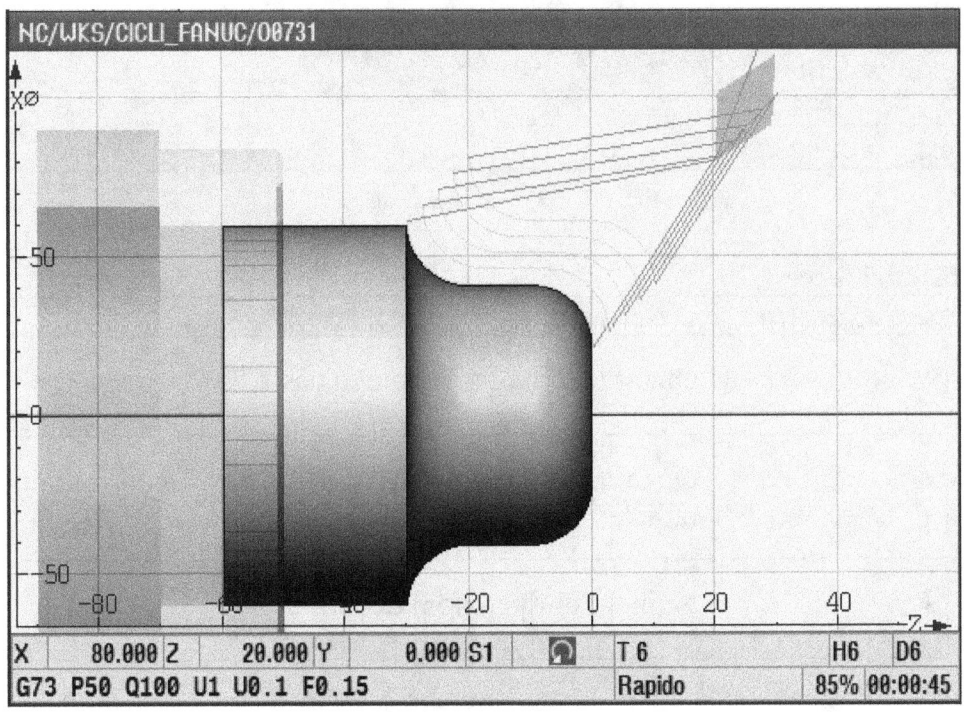

Fig. 34. G73: movimenti del ciclo

9.2 Funzioni di cancellazione del ciclo

Il ciclo è autocancellante, una volta eseguito il suo compito, non necessita di alcuna funzione per essere disattivato.

9.3 Parametri del ciclo

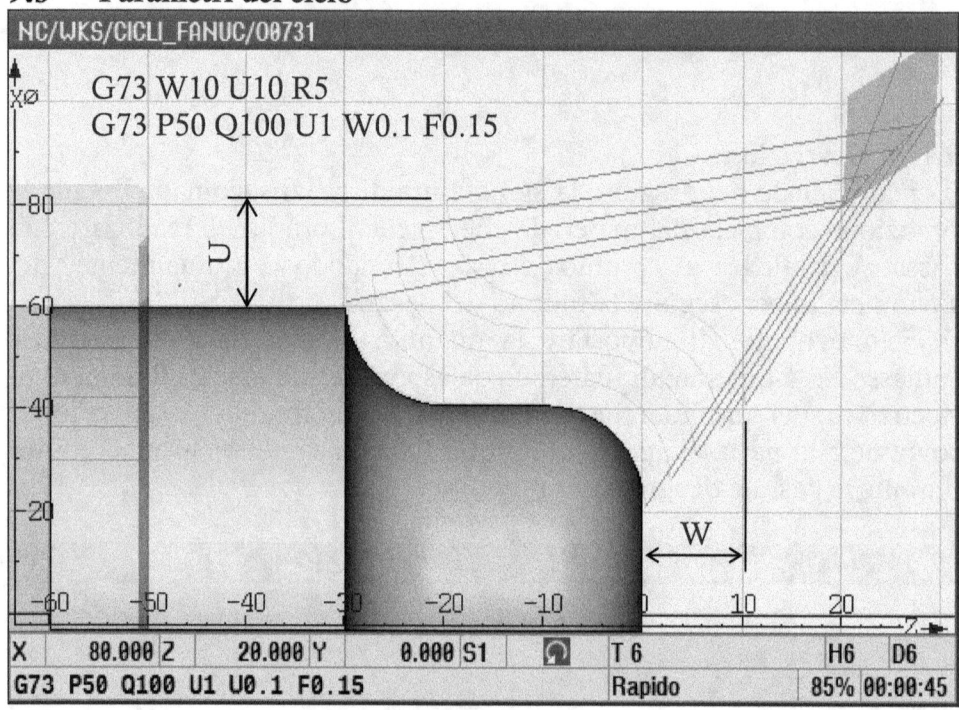

Fig. 35. G73: parametri del ciclo

Primo blocco

Parametro	Descrizione
W	Quantità di materiale lungo l'asse Z.
U	Quantità di materiale lungo l'asse X con valore radiale.
R	Numero di ripetizioni del profilo.

Secondo blocco

Parametro	Descrizione
P	Numero di blocco in cui inizia la programmazione del profilo da ripetere.
Q	Numero di blocco in cui finisce la programmazione del profilo da ripetere.
U	Sovrametallo di finitura con valore diametrale lasciato sull'asse X.
W	Sovrametallo di finitura lasciato sull'asse Z.
F	Avanzamento di lavoro utilizzato durante le passate di sgrossatura.

70

9.4 Esempio di programmazione

9.4.1 Esecuzione di una sgrossatura

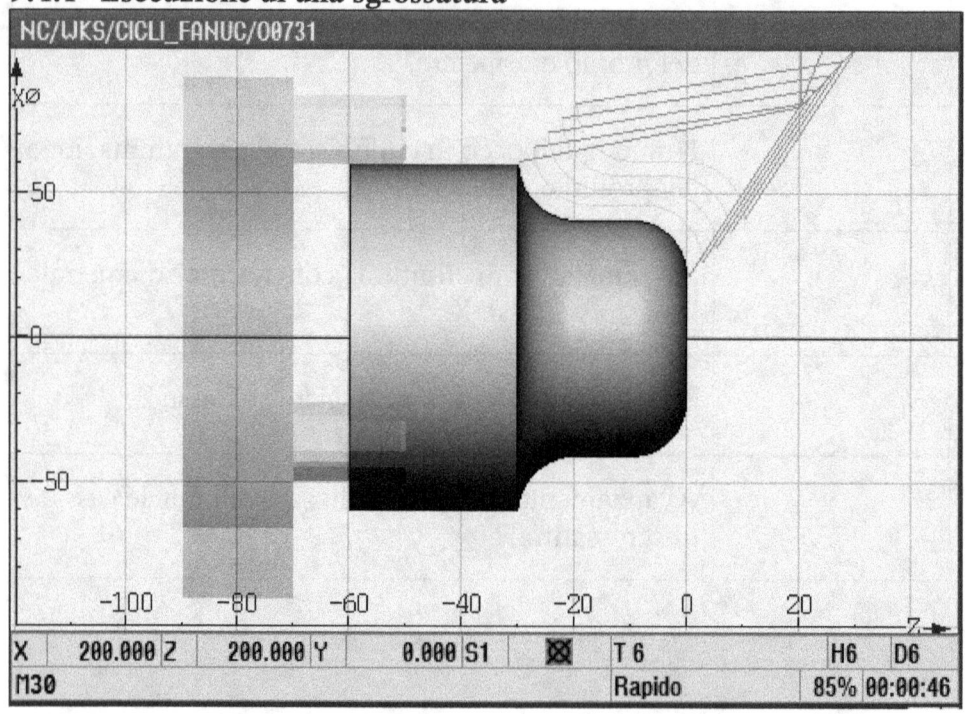

Fig. 36.   G73: esempio di programmazione

```
%
O0731
(G73 CICLO DI SGROSSATURA PARALLELA AL PROFILO)
G290 ;ATTIVAZIONE LINGUAGGIO SIEMENS
WORKPIECE(,,,"CYLINDER",192,0,-60,-50,60)
G291 ;ATTIVAZIONE LINGUAGGIO FANUC
G18 (PIANO X-Z)
G90 (PROGRAMMAZIONE ASSOLUTA)

(SGROSSATURA)
T0202 (UT. TORNITORE ESTERNO)
G97 S2000 M4 (ROTAZIONE MANDRINO NUM. DI GIRI FISSO)
G95 (AVANZAMENTO PROGRAMMATO IN MM/GIRO)

G0 X80 Z20 (PUNTO PRIMA DEL CICLO)
G73 W10 U10 R5
G73 P50 Q100 U1 W0.1 F0.15

(PROGRAMMAZIONE DEL PROFILO)
N50 G0 X20 Z0 (BLOCCO INIZIO PROFILO)
```

```
G3 X40 Z-10 R10
G1 Z-20
N100 G2 X60 Z-30 R10 (BLOCCO FINE PROFILO)

G0 X200 (ALLONTANAMENTO)
G0 Z200
M5
M30
%
```

10. G76: ciclo di filetattura in passate multiple
(G76-A, G78-C)

10.1 Descrizione

Il ciclo esegue una filettatura completa in più passate. La filettatura può essere cilindrica o conica. Deve avere il passo costante. La distribuzione delle passate può avvenire in direzione radiale oppure lungo un lato dell'inserto. Il ciclo può ridurre in automatico la profondità di passata mantenendo la sezione del truciolo costante. La direzione d'uscita dell'utensile a fine filetto è impostabile.

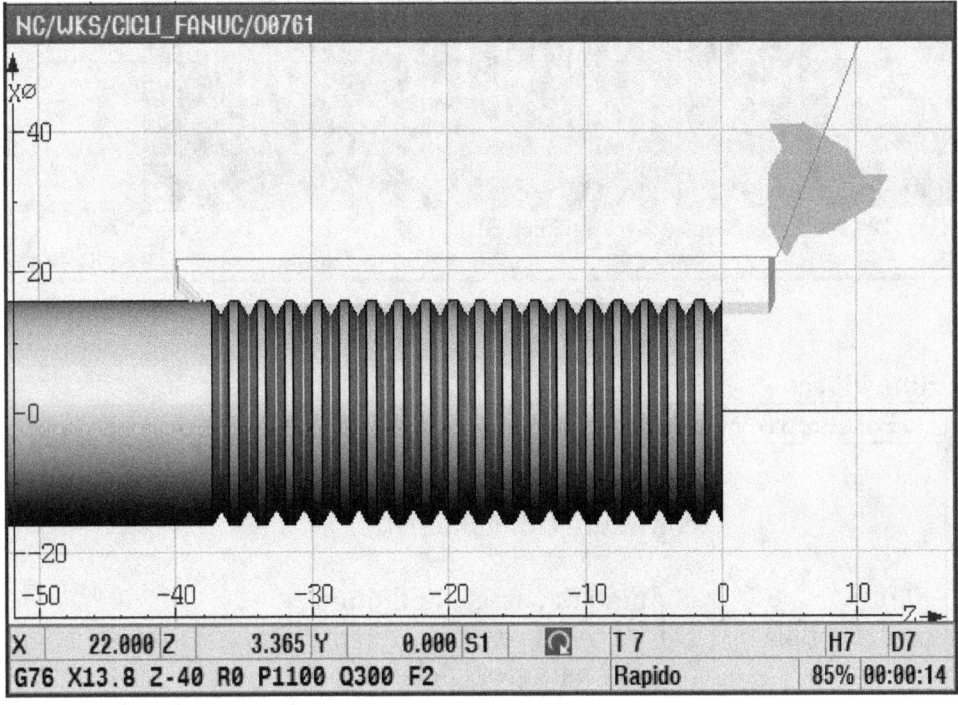

Fig. 37. G76: movimenti del ciclo

74

10.2   Funzioni di cancellazione del ciclo
Il ciclo è autocancellante, una volta eseguito il suo compito, non necessita
di alcuna funzione per essere disattivato.

10.3   Parametri del ciclo

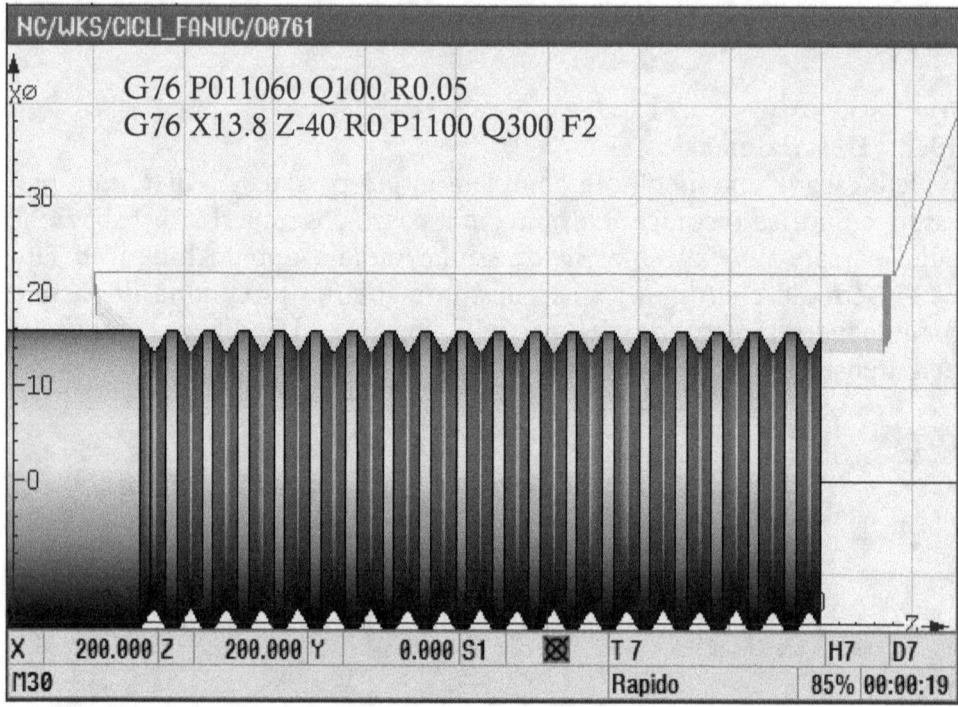

Fig. 38. G76: parametri del ciclo

Primo blocco

Parametro	Descrizione
P	Dopo la lettera P devono essere scritte 3 coppie consecutive di numeri.
(00) prima coppia	Numero di passate di finitura. Da 1 a 99. Il sovrametallo di finitura è impostato in uno dei parametri del ciclo.

(00) seconda coppia	Direzione di uscita dell'utensile dal filetto. Con valore uguale a 0 l'utensile arriva alla coordinata Z programmata nel ciclo ed esce a 90°.
	$$00 = 0 * P$$ 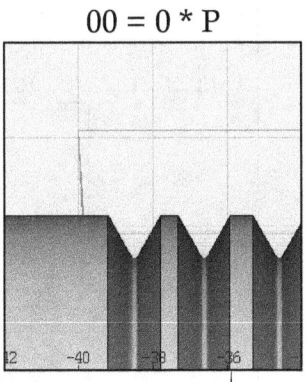 Con valore diverso da zero (da 01 a 99) il ciclo esce a 45° anticipando l'uscita dal filetto di una quantità proporzionale al passo. $$10 = 1 * P$$  $$20 = 2 * P$$ 

(00) terza coppia	Direzione di penetrazione della passata. Corrisponde all'angolo della filettatura se si vuole far tagliare l'utensile su un solo fianco. I valori accettati sono 0, 29, 30, 55, 60, 80. 00 per entrare radialmente o per filettature quadre. 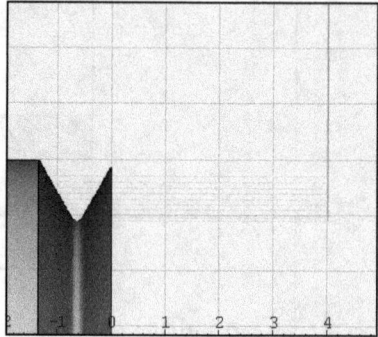 60 per filettature metriche 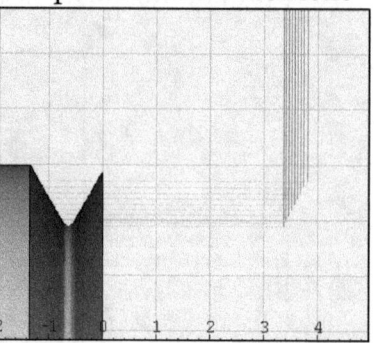 55 per filettature Withworth 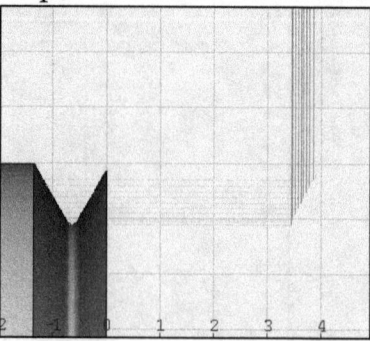

Q	Profondità di taglio minima. Al raggiungimento di questo valore la profondità di taglio non viene più decrementata. È espressa come valore radiale in micron. Per impostare 0.1mm si scrive quindi 100. Questo parametro accetta solo in numeri interi. Se programmata in pollici è espressa in $1/10,000$ di pollice.
R	Valore radiale di sovrametallo espresso in millimetri asportato nelle passate di finitura. Questo valore viene asportato in tante passate quante programmate al parametro P del primo blocco.

Secondo blocco

Parametro	Descrizione
X	Diametro di arrivo della filettatura.
Z	Coordinata assoluta in Z di arrivo della filettatura riferita allo zero pezzo.

Continua

R	Valore della conicità. È uguale al diametro di partenza della passata, meno il diametro di arrivo, diviso due. I diametri iniziale e finale non corrispondono necessariamente a quelli della conicità da realizzare ma a quelli della passata da eseguire, calcolati in base alle posizioni in Z dell'utensile ad inizio e fine ciclo. Assume valori negativi quando la conicità è caratterizzata da un diametro di partenza più piccolo del diametro di arrivo. Con valore uguale a zero o parametro non programmato la tornitura è eseguita parallela all'asse Z.
P	Altezza del filetto. Questo valore è utilizzato dal ciclo per determinare il volume di materiale da rimuovere. Valore radiale espresso in micron (accetta solo in numeri interi). Parametro è sempre positivo. Se programmato in pollici è espresso in 1/10,000 di pollice.

Q	Profondità di taglio della prima passata. Valore radiale espresso in micron (accetta solo in numeri interi). Parametro sempre positivo. Se programmato in pollici è espresso in 1/10,000 di pollice.
F	Passo del filetto. Parametro sempre positivo.

10.4 Esempi di programmazione

10.4.1 Esecuzione di una filettatura cilindrica

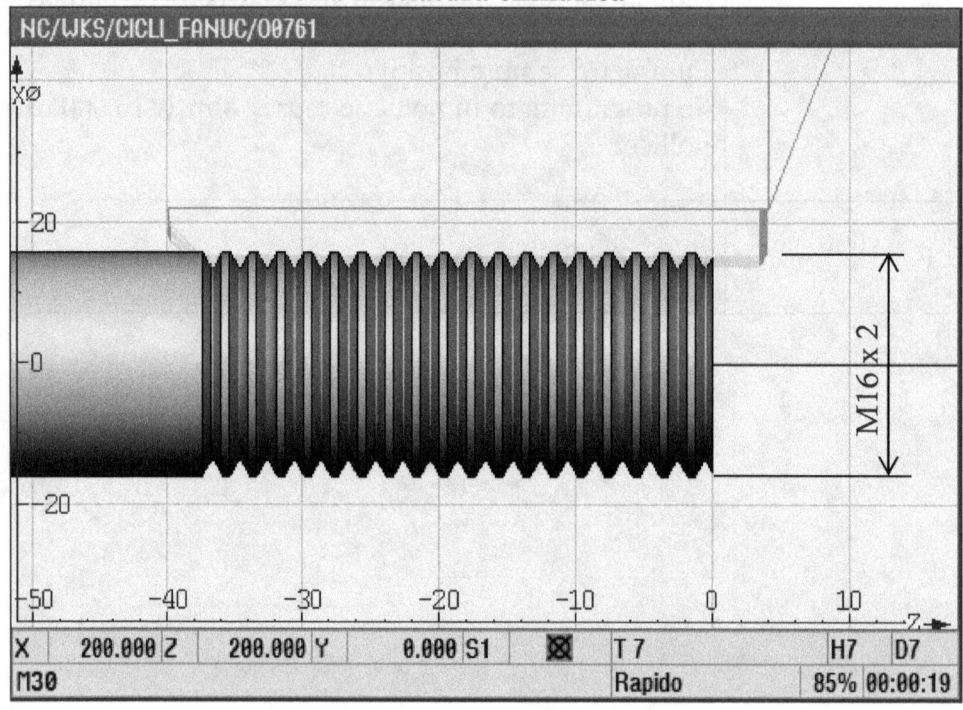

Fig. 39. G76: esempio di programmazione

```
%
O0761
(G76 FILETTATURA CICLINDRICA COMPLETA)
G290 ;ATTIVAZIONE LINGUAGGIO SIEMENS
WORKPIECE(,,,"CYLINDER",192,0,-80,-70,16)
G291 ;ATTIVAZIONE LINGUAGGIO FANUC
G18 (PIANO X-Z)
G90 (PROGRAMMAZIONE ASSOLUTA)
T0707 (UT. FILETTATORE ESTERNO)
G97 S1000 M3 (ROTAZIONE MANDRINO NUM. DI GIRI FISSO)
G95 (AVANZAMENTO PROGRAMMATO IN MM/GIRO)

G0 X22 Z4 (PUNTO DI PARTENZA DEL CICLO)
G76 P011060 Q100 R0.05
G76 X13.8 Z-40 R0 P1100 Q300 F2
G0 X200
G0 Z200
M5
M30
%
```

10.4.2 Esecuzione di una filettatura conica

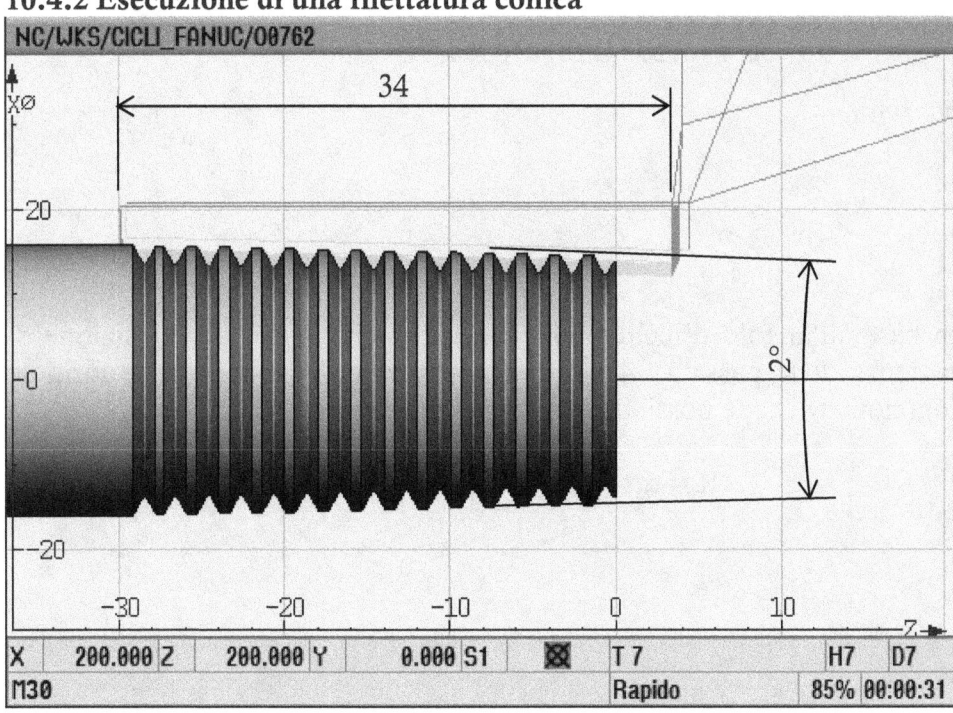

Fig. 40. G76: esempio di programmazione

```
%
O0762
(G76 FILETTATURA CONICA COMPLETA)
G290 ;ATTIVAZIONE LINGUAGGIO SIEMENS
WORKPIECE(,,,"CYLINDER",192,0,-80,-70,16)
G291 ;ATTIVAZIONE LINGUAGGIO FANUC
G18 (PIANO X-Z)
G90 (PROGRAMMAZIONE ASSOLUTA)

T0101 (UT. TORNITORE ESTERNO)
G97 S1000 M4 (ROTAZIONE MANDRINO NUM. DI GIRI FISSO)
G0 X20 Z4 (PUNTO DI PARTENZA DEL CICLO)
G95 (AVANZAMENTO PROGRAMMATO IN MM/GIRO)
```

G77 X16 Z-30 R-0.593 F0.15

```
G0 X80 Z100 (CANCELLAZIONE DEL CICLO)
M5 (STOP DEL MANDRINO PER INVERSIONE)

T0707 (UT. FILETTATORE ESTERNO)
G97 S1000 M3 (ROTAZIONE MANDRINO NUM. DI GIRI FISSO)
G95 (AVANZAMENTO PROGRAMMATO IN MM/GIRO)
```

```
G0 X30 Z4 (PUNTO DI PARTENZA DEL CICLO)
G76 P010060 Q100 R0.05
G76 X13.8 Z-30 R-0.593 P1100 Q300 F2

G0 X200
G0 Z200

M5
M30
%
```

In base all'angolo d'inclinazione della conicità di 1°, alla posizione di partenza della passata Z4 e a quella di arrivo Z-30, tramite le formule trigonometriche, è possibile trovare il valore di "R".

$$R = tg1° * 34 = 0.0174 * 34 = 0.593$$

11. G74: ciclo per gole lungo l'asse Z
(G74-A, G76-C)

11.1 Descrizione

Il ciclo esegue una gola assiale completa, il materiale viene asportato tramite una o più passate parallele all'asse Z, è possibile impostare le passate con o senza rottura del truciolo. Questo ciclo non può eseguire la lavorazione con scarico del truciolo.

G74 nasce per la realizzazione di gole assiali ma grazie ai movimenti che genera si può anche usare per la realizzazione di forature assiali lungo l'asse Z o passate di tornitura, esterne od interne, con rottura del truciolo.

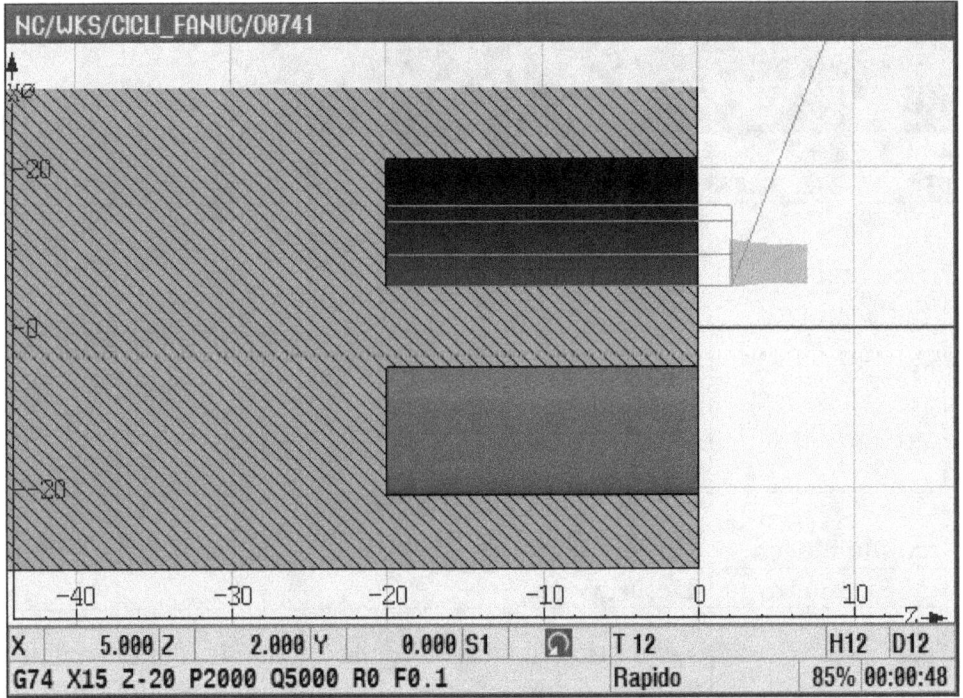

Fig. 41. G74: movimenti del ciclo

11.2 Funzioni di cancellazione del ciclo

Il ciclo è autocancellante, una volta eseguito il suo compito, non necessita di alcuna funzione per essere disattivato.

11.3 Parametri del ciclo

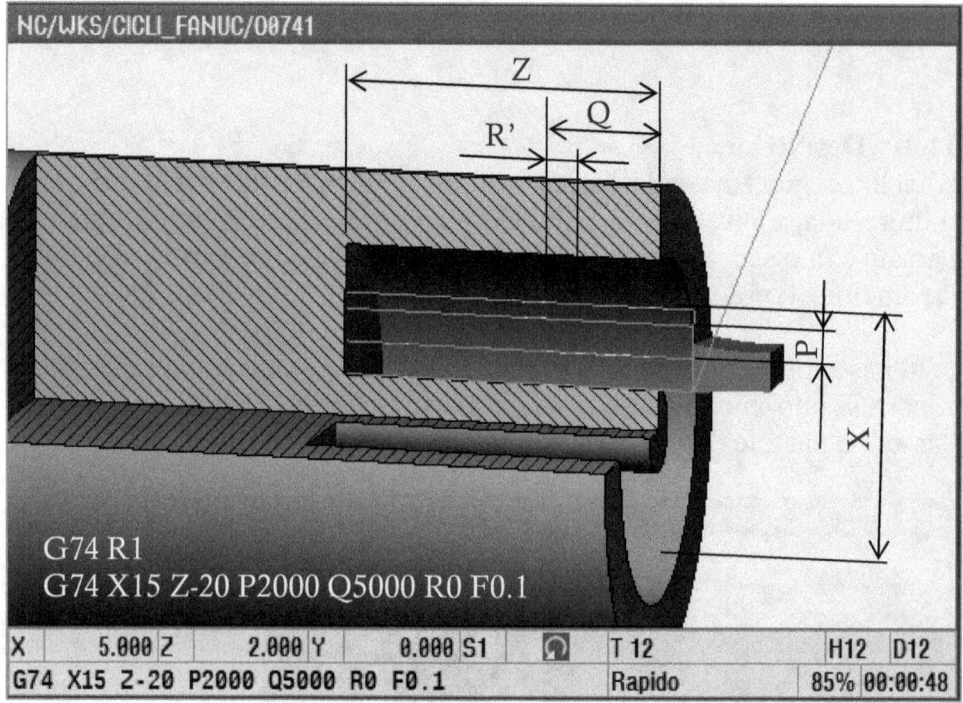

Fig. 42. G74: parametri del ciclo

Primo blocco

Parametro	Descrizione
R'	Movimento incrementale di ritorno dell'utensile in fase di rottura del truciolo. Questo valore è espresso in millimetri.

Secondo blocco

Parametro	Descrizione
X	Diametro di arrivo della gola. Il diametro di partenza corrisponde alla posizione programmata prima del ciclo.

	Se non programmato il ciclo esegue la lavorazione solo sul diametro programmato prima del ciclo (come nel caso in cui il ciclo è usato per realizzare fori o passate di tornitura). **I valori del diametro di partenza e del diametro di arrivo** devono tenere conto dello spigolo tagliente su cui è stato azzerato l'utensile e della larghezza dell'inserto.
Z	Punto di arrivo della gola (o foro/passata di tornitura). Con la lettera Z si esprime la coordinata assoluta (riferita allo zero pezzo) lungo l'asse Z del punto finale della gola.
P	Spostamento radiale dell'utensile, questo valore determina la larghezza della passata. Nel caso di allargamento di gole si consiglia il 70% della larghezza dell'inserto. Questo valore è espresso in millesimi di millimetro.
Q	Lunghezza della passata (lungo Z) prima di eseguire la rottura del truciolo. Questo valore è espresso in millesimi di millimetro.
R	Distacco radiale alla fine della passata, prima del ritorno in rapido al punto Z definito prima del ciclo. **Attenzione**: programmare questo parametro a "0" nel caso si usasse il ciclo per forature assiali. Programmare questo parametro a "0" quando si usa il ciclo per eseguire una gola partendo dal pieno, altrimenti l'utensile andrebbe in interferenza con il materiale al ritorno della prima passata.
F	Avanzamento di lavorazione.

11.4 Esempi di programmazione

11.4.1 Esecuzione di una gola frontale

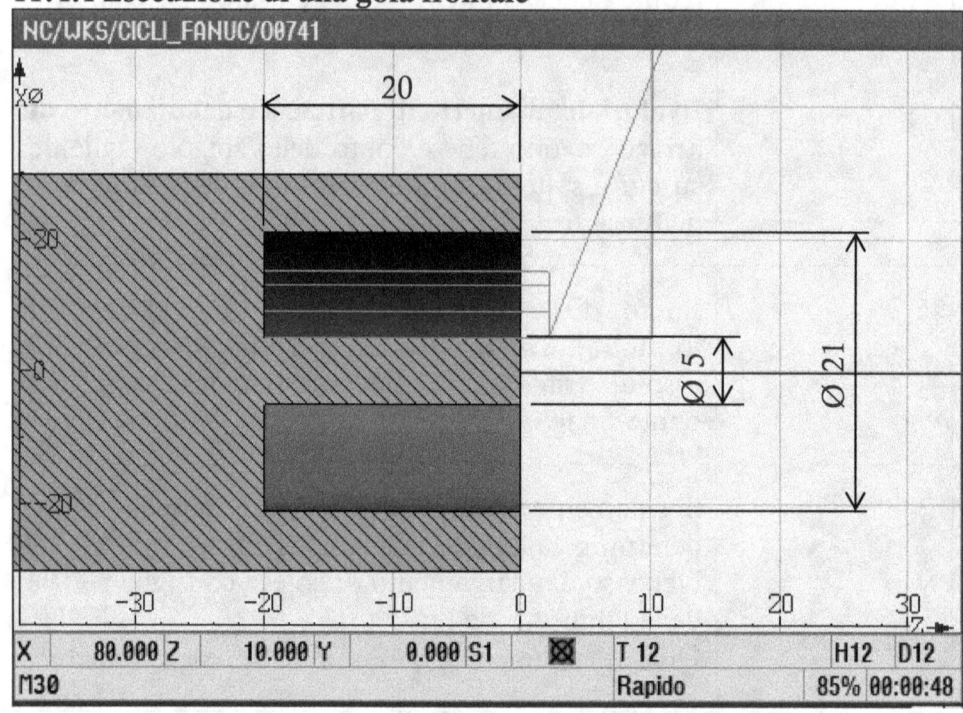

Fig. 43. G74: esempio di programmazione

```
%
O0741 (G74 GOLA LUNGO L'ASSE Z)
G290 ;ATTIVAZIONE LINGUAGGIO SIEMENS
WORKPIECE(,,,"CYLINDER",192,0,-90,-80,30)
G291 ;ATTIVAZIONE LINGUAGGIO FANUC
G18 (PIANO X-Z)
G90 (PROGRAMMAZIONE ASSOLUTA)

T1212 (UT. PER GOLE FRONTALI LARGH. 3MM)
G97 S1400 M4 (ROTAZIONE MANDRINO NUM. DI GIRI FISSO)
G95 (AVANZAMENTO PROGRAMMATO IN MM/GIRO)

G0 X5 Z2 (PUNTO DI PARTENZA DEL CICLO)
G74 R1
G74 X15 Z-20 P2000 Q5000 R0 F0.1
G0 Z10
G0 X80
M5
M30
%
```

11.4.2 Esecuzione di una tornitura esterna con rottura truciolo

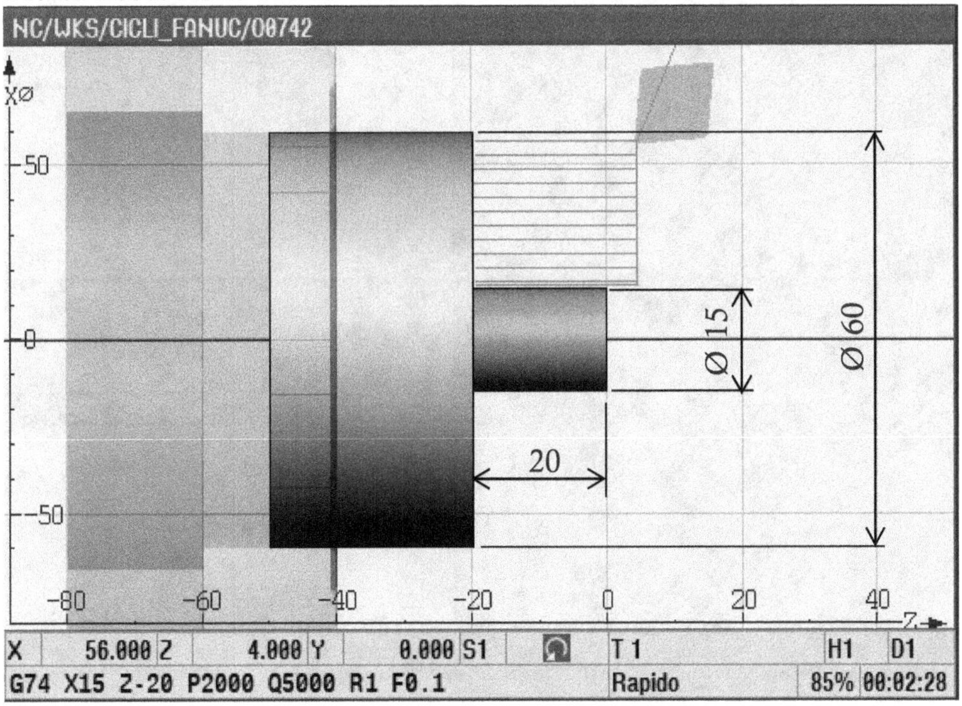

Fig. 44. G74: esempio di programmazione

```
%
O0742
(G74 TORNITURA CON ROTTURA DEL TRUCIOLO LUNGO L'ASSE Z)
G290 ;ATTIVAZIONE LINGUAGGIO SIEMENS
WORKPIECE(,,,"CYLINDER",192,0,-50,-40,60)
G291 ;ATTIVAZIONE LINGUAGGIO FANUC
G18 (PIANO X-Z)
G90 (PROGRAMMAZIONE ASSOLUTA)

T0101 (UT. TORNITORE ESTERNO)
G92 S3000 (LIMITAZIONE DEL NUMERO MASSIMO DI GIRI)
G96 S100 M4 (ROTAZIONE MANDRINO CON VELOCITA' COSTANTE)
G95 (AVANZAMENTO PROGRAMMATO IN MM/GIRO)

G0 X56 Z4 (PUNTO DI PARTENZA DEL CICLO)
G74 R1
G74 X15 Z-20 P2000 Q5000 R1 F0.1
G0 Z10
G0 X80
M5
M30
%
```

CNC – Cicli di tornitura Fanuc

11.4.3 Esecuzione di una foratura con rottura truciolo

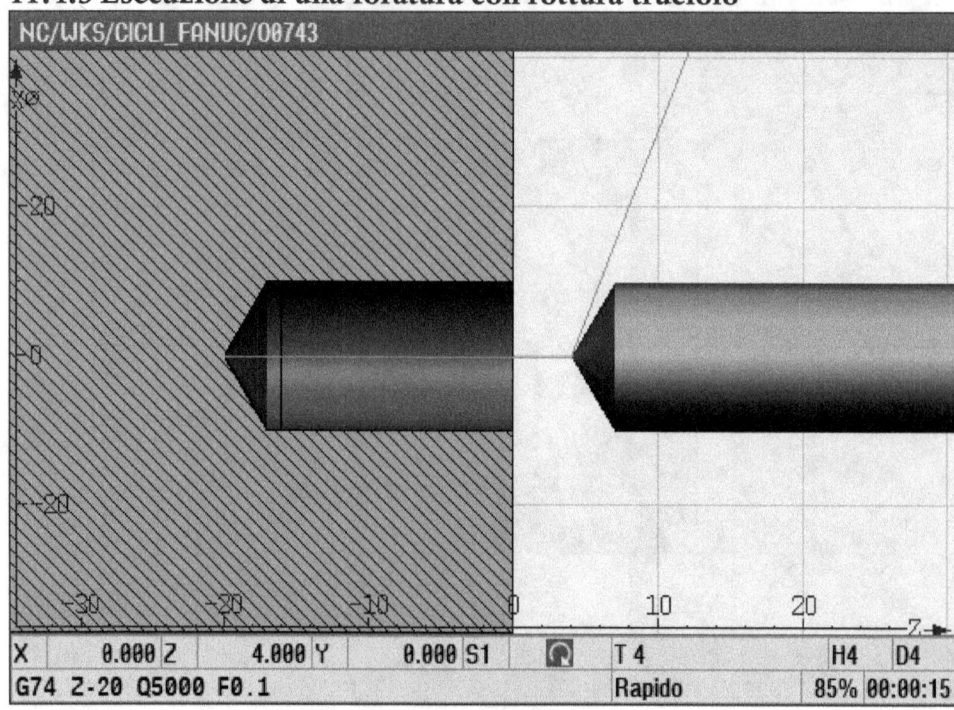

Fig. 45. G74: esempio di programmazione

```
%
O0743
(G74 FORATURA CON ROTTURA DEL TRUCIOLO LUNGO L'ASSE Z)
G290 ;ATTIVAZIONE LINGUAGGIO SIEMENS
WORKPIECE(,,,"CYLINDER",192,0,-50,-40,60)
G291 ;ATTIVAZIONE LINGUAGGIO FANUC
G18 (PIANO X-Z)
G90 (PROGRAMMAZIONE ASSOLUTA)

T0404 (PUNTA ASSIALE D.10)
G97 S1400 M3 (ROTAZIONE MANDRINO NUM. DI GIRI FISSO)
G95 (AVANZAMENTO PROGRAMMATO IN MM/GIRO)

G0 X0 Z4 (PUNTO DI PARTENZA DEL CICLO)
G74 R1
G74 Z-20 Q5000 F0.1

G0 Z10
G0 X80
M5
M30
%
```

11.4.4 Esecuzione di una barenatura con rottura del truciolo

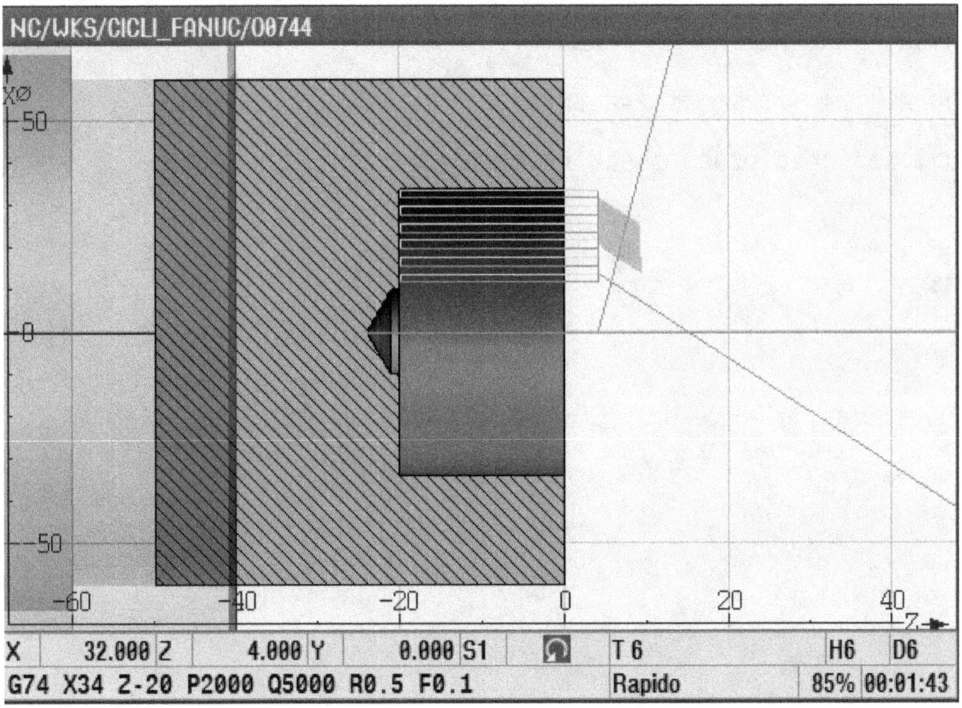

Fig. 46. G74: esempio di programmazione

```
%
O0744
(G74 TORNITURA INTERNA CON ROTTURA DEL TRUCIOLO LUNGO L'ASSE
Z)
G290 ;ATTIVAZIONE LINGUAGGIO SIEMENS
WORKPIECE(,,,"CYLINDER",192,0,-50,-40,60)
G291 ;ATTIVAZIONE LINGUAGGIO FANUC
G18 (PIANO X-Z)
G90 (PROGRAMMAZIONE ASSOLUTA)

T0404 (PUNTA ASSIALE D.10)
G97 S1400 M3 (ROTAZIONE MANDRINO NUM. DI GIRI FISSO)
G95 (AVANZAMENTO PROGRAMMATO IN MM/GIRO)

G0 X0 Z4 (PUNTO DI PARTENZA DEL CICLO)
G74 R1
G74 Z-24 P2000 Q5000 R0 F0.1 (X NON PROGRAMMATA)

G0 Z100
G0 X100
```

```
T0606 (TORNITORE PER INTERNI)
G97 S1250 M4 (ROTAZIONE MANDRINO NUM. DI GIRI FISSO)
G95 (AVANZAMENTO PROGRAMMATO IN MM/GIRO)

G0 X14 Z4 (PUNTO DI PARTENZA DEL CICLO)
G74 R1
G74 X34 Z-20 P2000 Q5000 R0.5 F0.1

G0 Z200
G0 X200
M5
M30
%
```

12. G75: ciclo per gole lungo l'asse X
(G75-A, G77-C)

12.1 Descrizione

Il ciclo esegue una gola radiale completa, il materiale viene asportato tramite una o più passate parallele all'asse X, è possibile impostare le passate con o senza rottura del truciolo. Questo ciclo non può eseguire la lavorazione con scarico del truciolo.

G75 nasce per la realizzazione di gole radiali ma grazie ai movimenti che genera si può anche usare per la realizzazione di forature radiali lungo l'asse X o lavorazioni di troncatura del pezzo con rottura del truciolo.

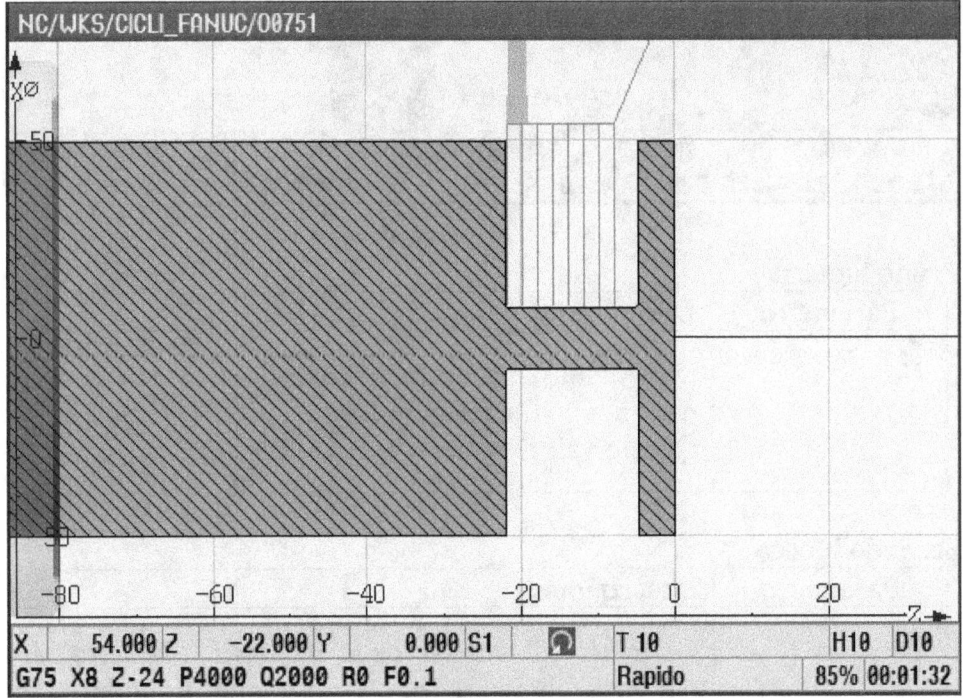

Fig. 47. G75: movimenti del ciclo

12.2 Funzioni di cancellazione del ciclo

Il ciclo è autocancellante, una volta eseguito il suo compito, non necessita di alcuna funzione per essere disattivato.

12.3 Parametri del ciclo

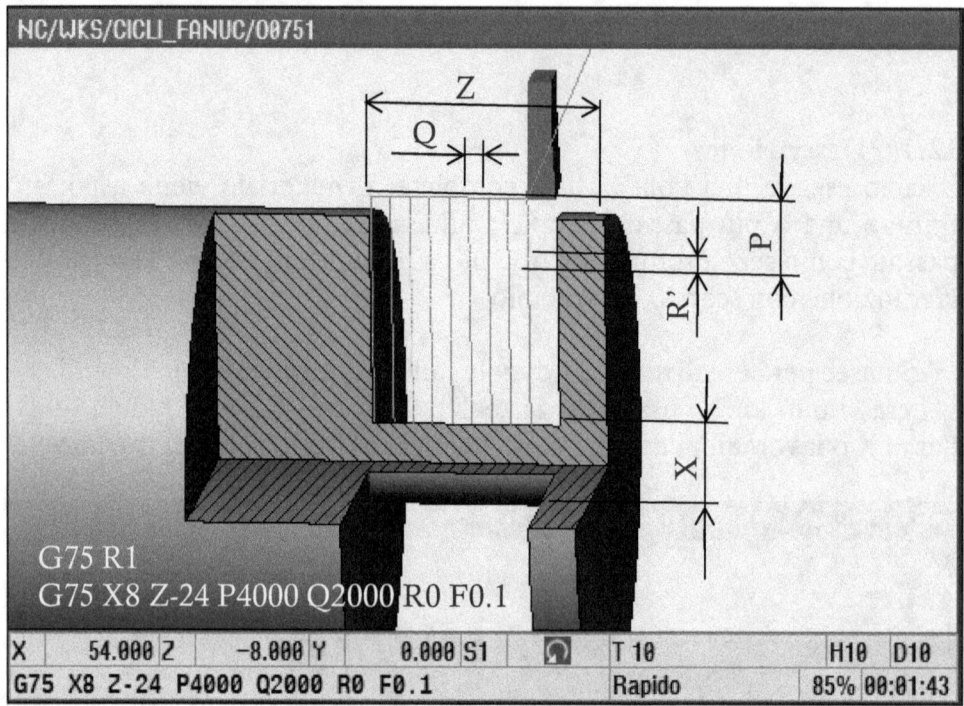

Fig. 48. G75: parametri del ciclo

Primo blocco

Parametro	Descrizione
R'	Movimento di ritorno dell'utensile in fase di rottura del truciolo (quantità radiale). Questo valore è espresso in millimetri.

Secondo blocco

Parametro	Descrizione
X	Diametro di arrivo della gola. Il diametro di partenza corrisponde alla posizione programmata prima del ciclo.

Z	Punto di arrivo della gola (o foro/troncatura). Con la lettera Z si esprime la coordinata assoluta (riferita allo zero pezzo), lungo l'asse Z, del punto finale della gola. **Se non programmato** il ciclo esegue la lavorazione solo sulla posizione in Z programmata prima del ciclo (come nel caso in cui il ciclo è usato per realizzare un foro radiale o la troncatura del pezzo) **I valori della posizione Z di partenza e della posizione Z di arrivo** devono tenere conto dello spigolo tagliente su cui è stato azzerato l'utensile e della larghezza dell'inserto.
P	Lunghezza della passata (lungo X) prima di eseguire la rottura del truciolo (valore radiale). Questo valore è espresso in millesimi di millimetro.
Q	Spostamento longitudinale dell'utensile, questo valore determina la larghezza della passata. Nel caso di allargamento di gole si consiglia il 70% della larghezza dell'inserto. Questo valore è espresso in millesimi di millimetro.
R	Distacco longitudinale alla fine della passata, prima del ritorno in rapido al punto X definito prima del ciclo. **Attenzione**: programmare questo parametro a "0" nel caso si usasse il ciclo per forature radiali. Programmare questo parametro a "0" quando si usa il ciclo per eseguire una gola partendo dal pieno, altrimenti l'utensile andrebbe in interferenza con il materiale al ritorno della prima passata.
F	Avanzamento di lavorazione.

12.4   Esempio di programmazione

12.4.1 Esecuzione di una gola radiale

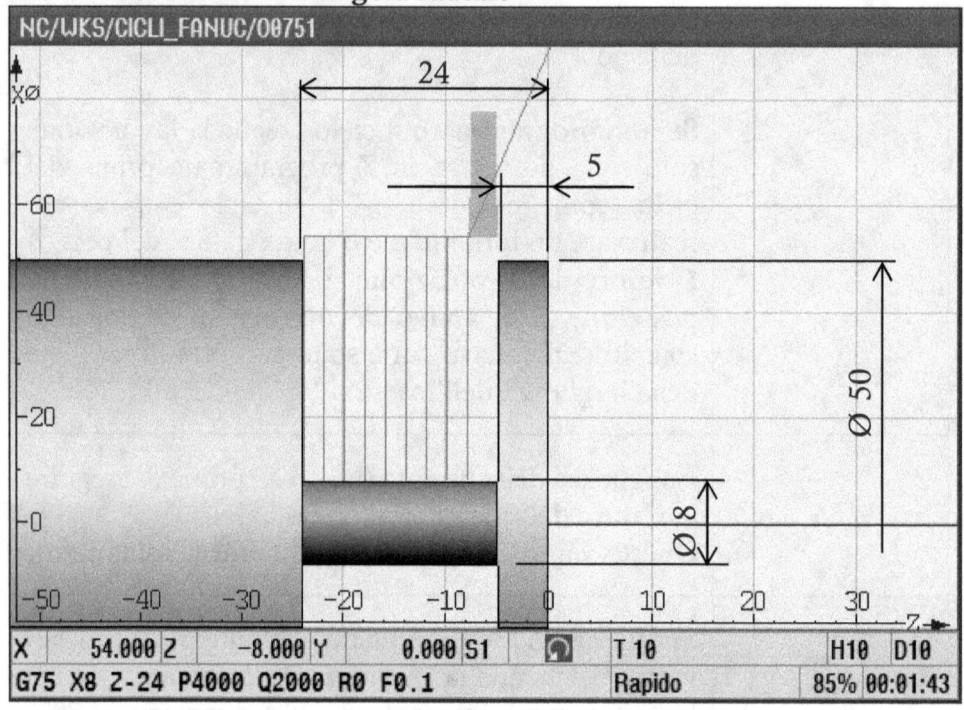

Fig. 49. G75: esempio di programmazione

```
%
O0751(G75 GOLA LUNGO L'ASSE X)
G290 ;ATTIVAZIONE LINGUAGGIO SIEMENS
WORKPIECE(,,,"CYLINDER",192,0,-90,-80,50)
G291 ;ATTIVAZIONE LINGUAGGIO FANUC
G18 G90 (PIANO X-Z, PROGRAMMAZIONE ASSOLUTA)

T1010 (UT. PER GOLE RADIALI LARGH. 3MM)
G92 S3000 (LIMITAZIONE DEL NUMERO MASSIMO DI GIRI)
G96 S70 M4 (ROTAZIONE MANDRINO CON VELOCITA' COSTANTE)
G95 (AVANZAMENTO PROGRAMMATO IN MM/GIRO)

G0 X54 Z-8 (PUNTO DI PARTENZA DEL CICLO)
G75 R1
G75 X8 Z-24 P4000 Q2000 R0 F0.1
G0 X200
G0 Z200
M5
M30
%
```

12.4.2 Esecuzione di una troncatura con rottura truciolo

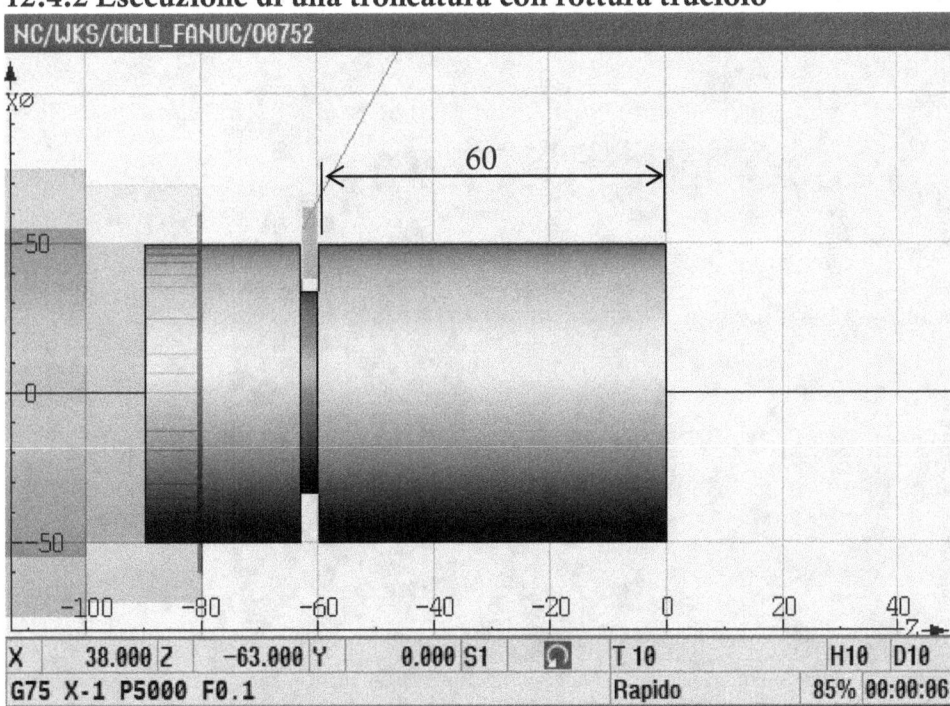

Fig. 50. G75: esempio di programmazione

```
%
O0752
(G75 TRONCATURA CON ROTTURA DEL TRUCIOLO)
G290 ;ATTIVAZIONE LINGUAGGIO SIEMENS
WORKPIECE(,,,"CYLINDER",192,0,-90,-80,50)
G291 ;ATTIVAZIONE LINGUAGGIO FANUC
G18 (PIANO X-Z)
G90 (PROGRAMMAZIONE ASSOLUTA)

T1010 (UT. PER GOLE RADIALI LARGH. 3MM)
G92 S3000 (LIMITAZIONE DEL NUMERO MASSIMO DI GIRI)
G96 S70 M4 (ROTAZIONE MANDRINO CON VELOCITA' COSTANTE)
G95 (AVANZAMENTO PROGRAMMATO IN MM/GIRO)

G0 X54 Z-63 (PUNTO DI PARTENZA DEL CICLO)
G75 R1
G75 X-1 P5000 F0.1
G0 X200
G0 Z200
M5
M30
%
```

CNC – Cicli di tornitura Fanuc

12.4.3 Esecuzione di una sfacciatura con rottura truciolo

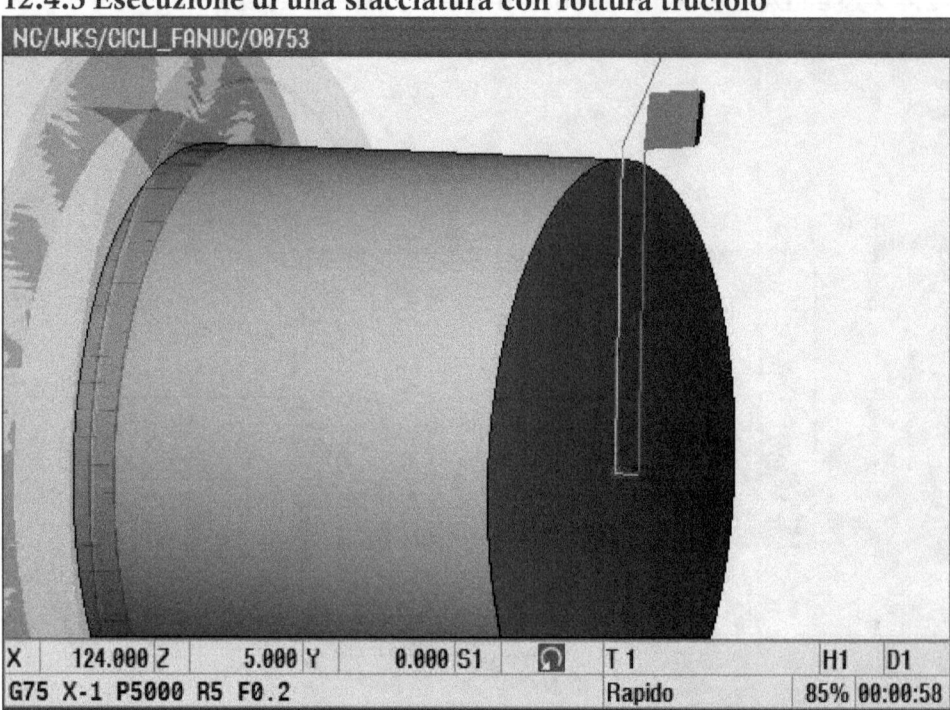

Fig. 51. G75: esempio di programmazione

```
%
O0753(G75 SFACCIATURA CON ROTTURA DEL TRUCIOLO)
G290 ;ATTIVAZIONE LINGUAGGIO SIEMENS
WORKPIECE(,,,"CYLINDER",192,2,-90,-80,120)
G291 ;ATTIVAZIONE LINGUAGGIO FANUC
G18 (PIANO X-Z)
G90 (PROGRAMMAZIONE ASSOLUTA)

T0101 (UT. TORNITORE)
G92 S3000 (LIMITAZIONE DEL NUMERO MASSIMO DI GIRI)
G96 S100 M4 (ROTAZIONE MANDRINO CON VELOCITA' COSTANTE)
G95 (AVANZAMENTO PROGRAMMATO IN MM/GIRO)

G0 X124 Z0 (PUNTO DI PARTENZA DEL CICLO)
G75 R1
G75 X-1 P5000 R5 F0.2
G0 X200
G0 Z200
M5
M30
%
```

12.4.4 Esecuzione di una foratura radiale con rottura truciolo

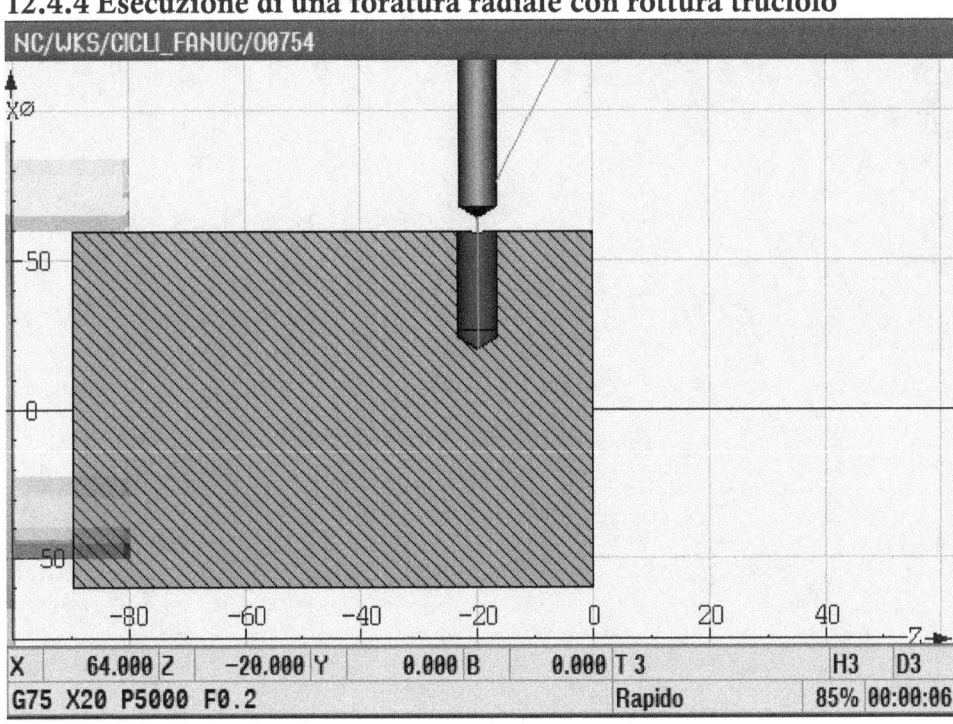

Fig. 52. G75: esempio di programmazione

```
%
O0754
(G75 FORATURA RADIALE CON ROTTURA DEL TRUCIOLO)
G290 ;ATTIVAZIONE LINGUAGGIO SIEMENS
WORKPIECE(,,,"CYLINDER",192,0,-90,-80,60)
G291 ;ATTIVAZIONE LINGUAGGIO FANUC
G18 (PIANO X-Z)
G90 (PROGRAMMAZIONE ASSOLUTA)


T0303 (PUNTA RADIALE D.6.8)
G290 ;ATTIVAZIONE LINGUAGGIO SIEMENS PER LA SELEZIONE
DELL'UTENSILE MOTORIZZATO
SETMS(3)
G97 S2000 M3 ;ROTAZIONE UTENSILE
G291 ;ATTIVAZIONE LINGUAGGIO FANUC


M19 B0 (ORIENTAMENTO ANGOLARE DEL MANDRINO PRINCIPALE)


G0 X64 Z-20 (PUNTO DI PARTENZA DEL CICLO)
G75 R0.5
G75 X20 P5000 F0.2
```

```
G0 X200
G0 Z200

M5
M30
%
```

13. G83: ciclo di foratura lungo l'asse Z
(G83-A, G83-C)

13.1 Descrizione

Il ciclo esegue forature con scarico o rottura del truciolo, se non è specificata la profondità di ciascun passo di foratura mediante il parametro Q, viene eseguita la foratura in un'unica passata.

Il ciclo esegue i seguenti movimenti.

    1   Il ciclo parte dal punto programmato prima del ciclo.

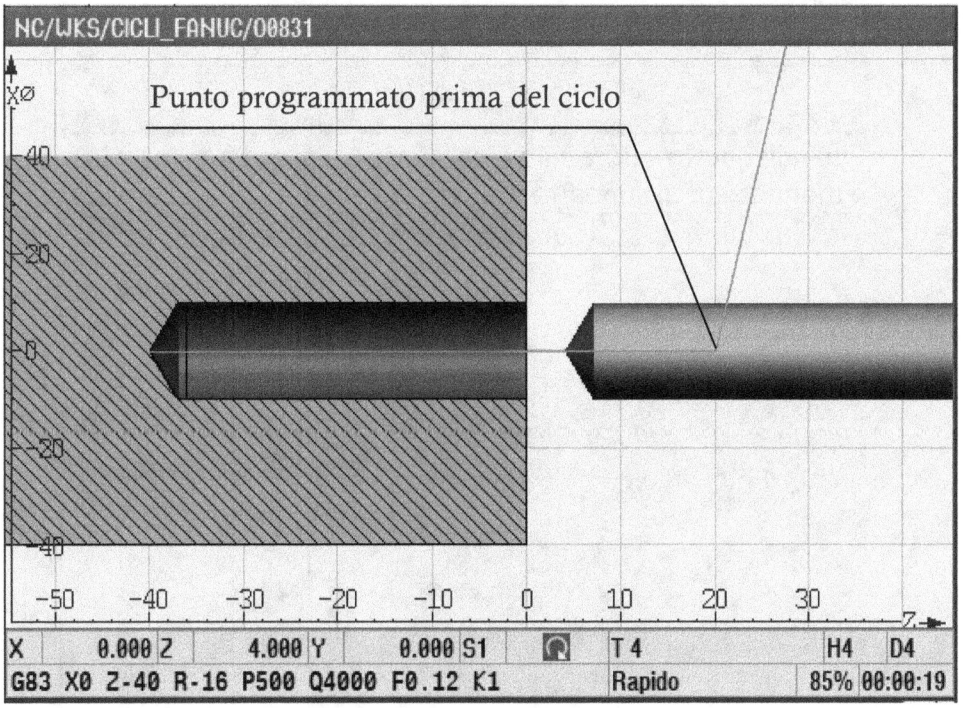

Fig. 53. G83: movimenti del ciclo

2 Raggiunge in rapido la coordinata "X" programmata nel ciclo. Questo parametro definisce il diametro al quale è eseguito il foro. Il valore è "0" quando il foro è in asse, la punta è fissa ed il pezzo è in rotazione.

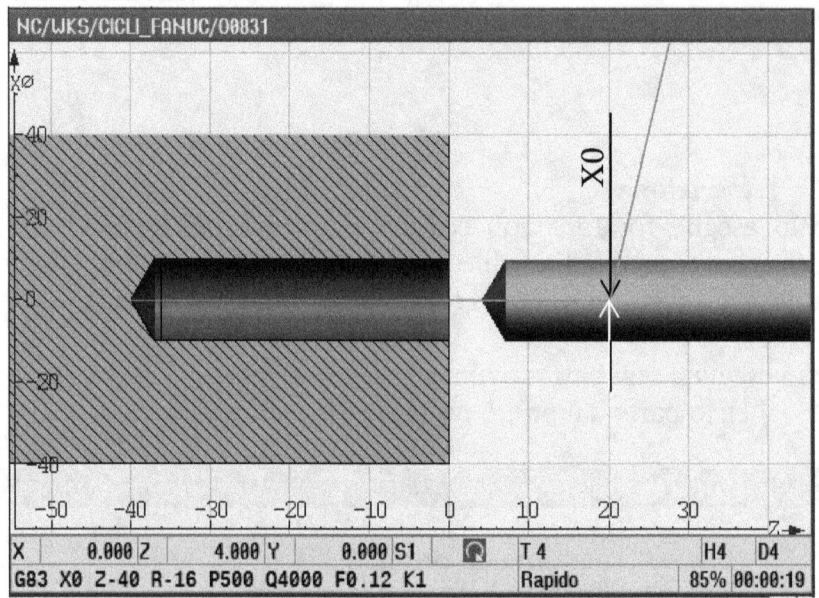

Quando questo valore è diverso da zero, il pezzo è fermo e la punta è montata su un supporto motorizzato.

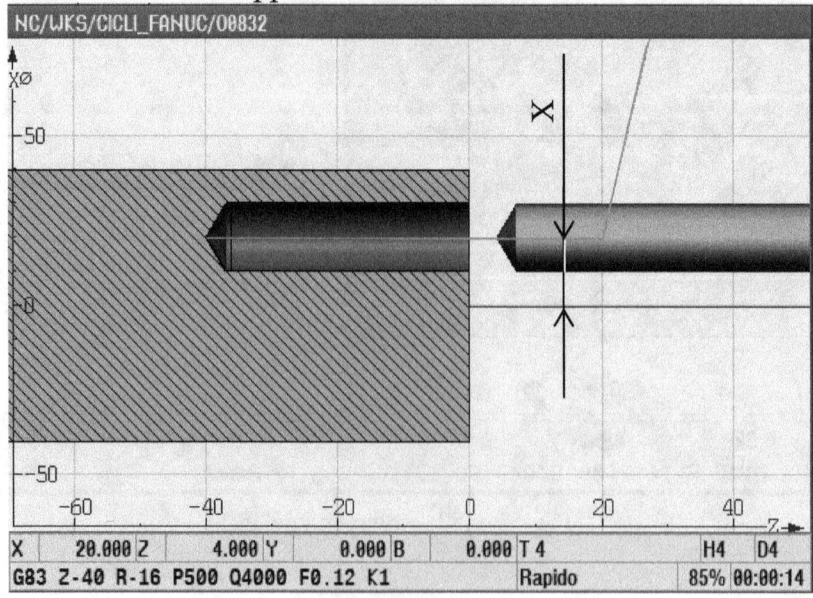

Con parametro "X" non programmato il foro viene eseguito nel punto programmato prima del ciclo.

3   Raggiunge in rapido la distanza incrementale definita nel parametro "R". Con parametro non programmato la foratura parte dal punto programmato prima del ciclo.

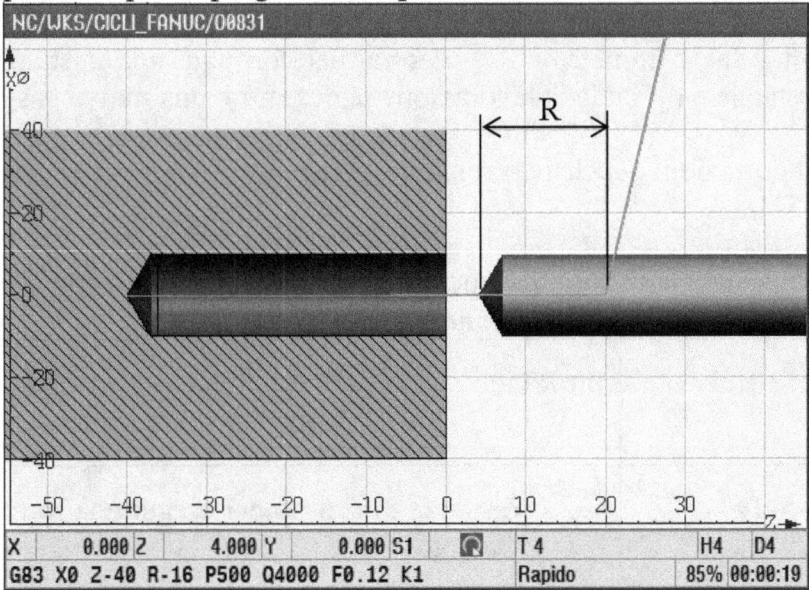

4   Esegue la foratura fino al alla quota "Z" programmata nel ciclo, eseguendo la rottura del truciolo o lo scarico del truciolo in base alle impostazioni dei parametri del controllo numerico.

5   Arrivato alla fine del foro l'utensile si ferma per il tempo di sosta programmato nel ciclo, poi viene ritirato dal fondo del foro in rapido prima al punto definito nel parametro "R", poi al punto programmato prima del ciclo.

13.2   Parametri del CN legati al ciclo

Per rottura del truciolo si intende che la punta esegue la passata di lunghezza impostata all'interno del ciclo, arretra di una distanza fissa impostabile e riprende la lavorazione per eseguire una nuova passata.

Per scarico del truciolo si intende che la punta esegue la passata di lunghezza impostata all'interno del ciclo, esce dal foro fino al punto definito dal parametro "R", rientra nel foro ad una distanza fissa impostabile e riprende la lavorazione per eseguire una nuova passata.

Le impostazioni del ciclo avvengono attraverso i parametri N. 5101 bit 2 e N. 5114.

Per impostare la rottura del truciolo impostare i parametri come segue.

Parametro	Descrizione
N. 5101.2	Bit RTR = 0 ciclo esegue la **rottura** del truciolo
N. 5114	= ... distanza di ritorno per eseguire la rottura del truciolo

Per impostare lo scarico del truciolo impostare i parametri come segue.

Parametro	Descrizione
N. 5101.2	Bit RTR = 1 ciclo esegue lo **scarico** del truciolo.
N. 5114	= ... distanza di riavvicinamento dopo essere uscito dal foro

13.3   Funzioni di cancellazione del ciclo

La funzione è modale e ripete l'operazione di foratura per ogni posizione programmata dopo l'attivazione del ciclo, la sua disattivazione avviene con G80.

13.4 Parametri del ciclo

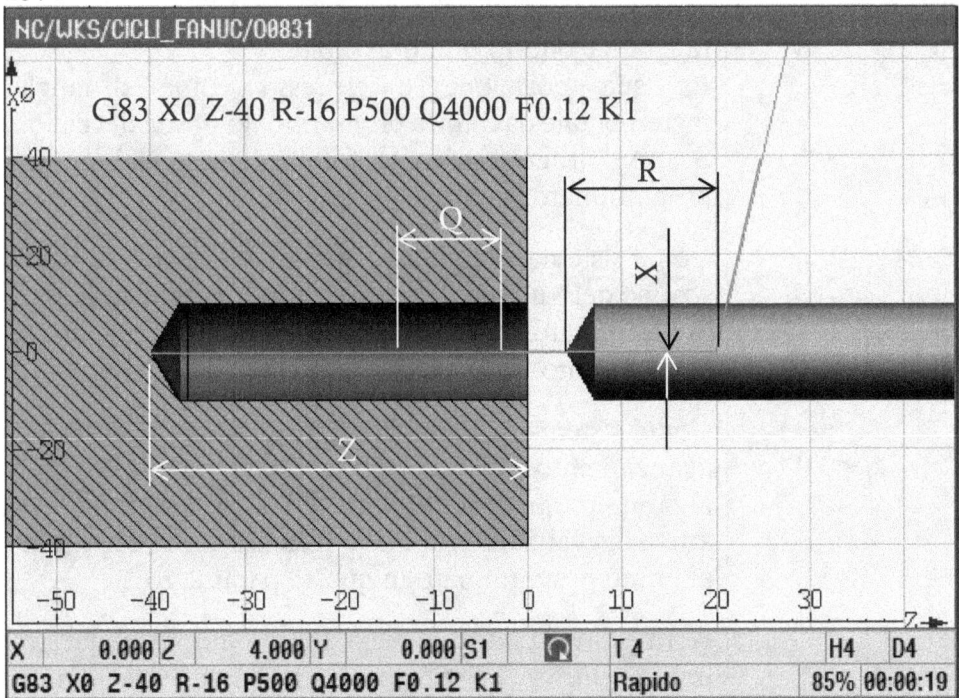

Fig. 54. G83: parametri del ciclo

Parametro	Descrizione
X	Coordinata in X del punto di partenza del ciclo. Se non programmata, la posizione in X rimane quella del punto programmato prima del ciclo.
C	Eventuale posizione angolare del pezzo. Se la posizione è programmata all'interno del ciclo, attivare l'asse C prima del richiamo del ciclo. Se non si vuole usare questo parametro orientare angolarmente il pezzo prima del ciclo.
Z	Coordinata assoluta del fondo del foro lungo l'asse Z.

R	Punto di inizio lavorazione lungo l'asse Z. Il ciclo raggiunge questo punto in rapido. La sua posizione è espressa come distanza incrementale dal punto programmato prima del ciclo. Se non programmato la foratura parte dal punto programmato prima del ciclo. Con il sistema di codici A, quando viene effettuato lo scarico del truciolo, l'utensile ritorna sempre al punto programmato prima del ciclo, senza considerare questo punto. Con il sistema di codici B o C se la funzione attiva di avanzamento è G94 il ciclo scarica il truciolo sempre al punto programmato prima del ciclo, se la funzione attiva di avanzamento è G95 il ciclo scarica il truciolo al punto programmato in questo parametro. A fine lavorazione il ciclo torna sempre a questo punto prima di ritornare in rapido al punto programmato prima del ciclo.
Q	Lunghezza della passata (espressa in millesimi).
P	Tempo di sosta sul fondo del foro espresso in millisecondi.
F	Avanzamento di lavoro.

K	Numero di ripetizione del foro.

Questo parametro è utile quando si vogliono realizzare più fori sulla faccia del pezzo.

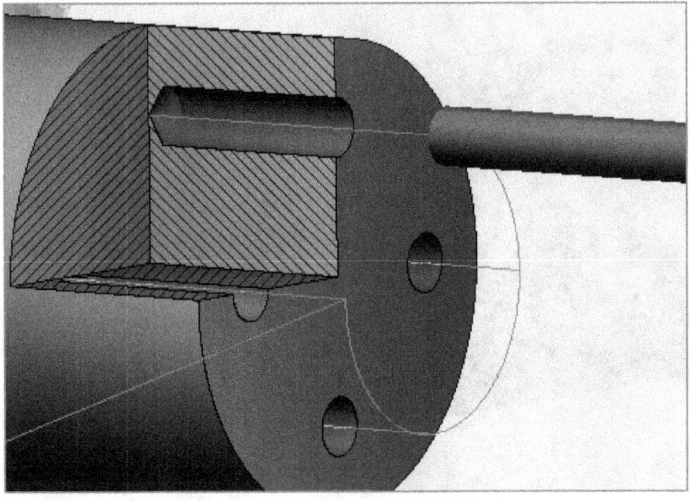

Programmare prima del ciclo le funzioni di attivazione dell'asse "C".

Questo parametro è da programmare nel ciclo insieme alla distanza incrementale tra i fori.
Ad esempio, "H90" e "K4" per realizzare quattro fori sfasati di 90° sull'asse "C".

Se programmato K0 il foro non viene eseguito.

Alcune macchine, dopo l'orientamento angolare, richiedono l'attivazione del freno per bloccare il mandrino, programmare quindi nel ciclo la funzione M definita dal costruttore della macchina (Es.: H90 K4 M31).

106

13.5 Esempio di programmazione

13.5.1 Esecuzione di un foro assiale

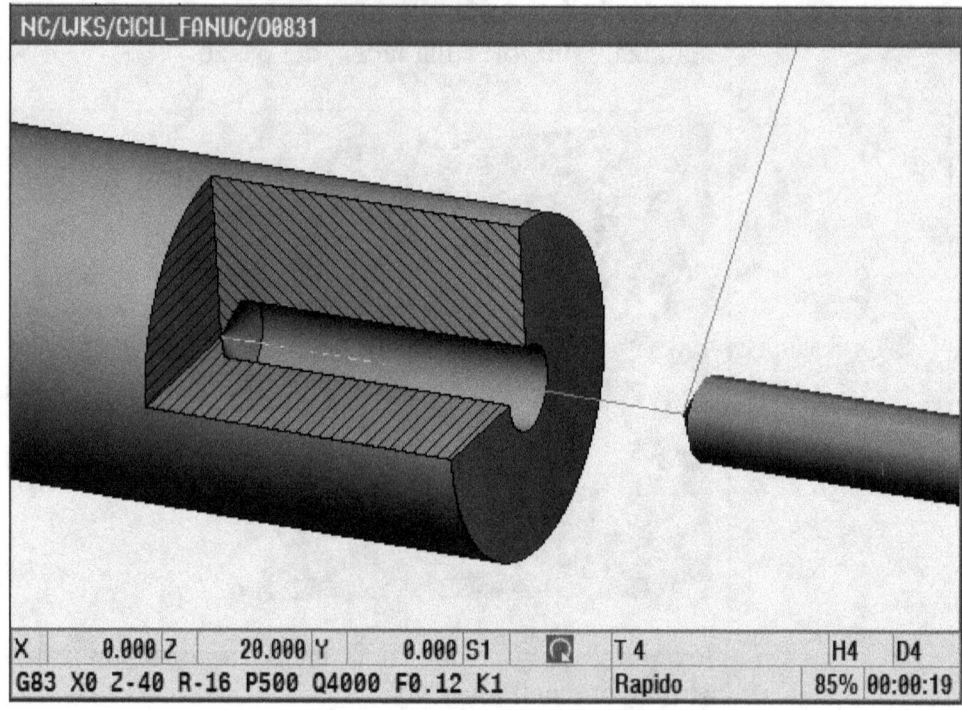

Fig. 55. G83: esempio di programmazione

```
%
O0831
(G83 FORATURA ASSIALE CON SCARICO DEL TRUCIOLO)
G290 ;ATTIVAZIONE LINGUAGGIO SIEMENS
WORKPIECE(,,,"CYLINDER",192,0,-90,-80,40)
G291 ;ATTIVAZIONE LINGUAGGIO FANUC
G18 (PIANO X-Z)
G90 (PROGRAMMAZIONE ASSOLUTA)

T0404 (PUNTA ASSIALE D.10)
G97 S1400 M3 (ROTAZIONE MANDRINO NUM. DI GIRI FISSO)
G95 (AVANZAMENTO PROGRAMMATO IN MM/GIRO)

G0 X0 Z20 (PUNTO DI PARTENZA DEL CICLO)
G83 X0 Z-40 R-16 P500 Q4000 F0.12 K1
G80 (CANCELLAZIONE DEL CICLO)
G0 X200 Z200
M5
M30
%
```

14. G87: ciclo di foratura lungo l'asse X
(G87-A, G87-C)

14.1 Descrizione

Il ciclo esegue forature con scarico o rottura del truciolo, se non è specificata la profondità di ciascun passo di foratura mediante il parametro Q, viene eseguita la foratura in una unica passata.

Il ciclo esegue i seguenti movimenti.

   1   Il ciclo parte dal punto programmato prima del ciclo.

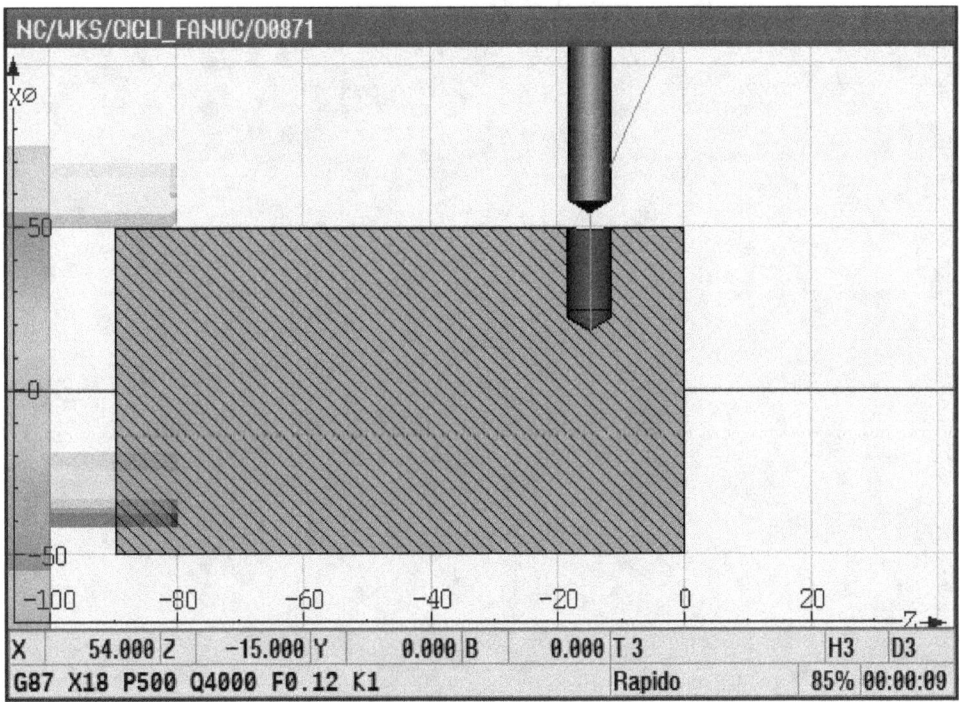

Fig. 56. G87: movimenti del ciclo

2   Raggiunge in rapido la coordinata "Z" programmata nel ciclo. Questo parametro definisce la posizione alla quale viene eseguito il foro. Con parametro "Z" non programmato il foro viene eseguito nel punto programmato prima del ciclo.

3   Raggiunge in rapido il punto definito dal parametro R. Con parametro non programmato il foro viene eseguito dal punto programmato prima del ciclo.

4   Esegue la foratura fino al alla quota "X" programmata nel ciclo, eseguendo la rottura del truciolo o lo scarico del truciolo in base alle impostazioni dei parametri del controllo numerico.

5   Arrivato alla fine della passata l'utensile si ferma per il tempo di sosta programmato nel ciclo, poi viene ritirato dal fondo del foro in rapido prima al punto definito nel parametro "R", poi al punto programmato prima del ciclo.

14.2 Parametri del CN legati al ciclo

Per rottura del truciolo si intende che la punta esegue la passata di lunghezza impostata all'interno del ciclo, arretra di una distanza fissa impostabile e riprende la lavorazione per eseguire una nuova passata.

Per scarico del truciolo si intende che la punta esegue la passata di lunghezza impostata all'interno del ciclo, esce dal foro fino al punto definito dal parametro R, rientra nel foro ad una distanza fissa impostabile e riprende la lavorazione per eseguire una nuova passata.

Le impostazioni del ciclo avvengono attraverso i parametri N. 5101 bit 2 e N. 5114.

Per impostare la rottura del truciolo impostare i parametri come segue.

Parametro	Descrizione
N. 5101.2	Bit RTR = 0 ciclo esegue la **rottura** del truciolo
N. 5114	= ... distanza di ritorno per eseguire la rottura del truciolo

Per impostare lo scarico del truciolo impostare i parametri come segue.

Parametro	Descrizione
N. 5101.2	Bit RTR = 1 ciclo esegue lo **scarico** del truciolo.
N. 5114	= ... distanza di riavvicinamento dopo essere uscito dal foro

14.3 Funzioni di cancellazione del ciclo

Il ciclo è cancellato dalla funzione G80.

14.4 Parametri del ciclo

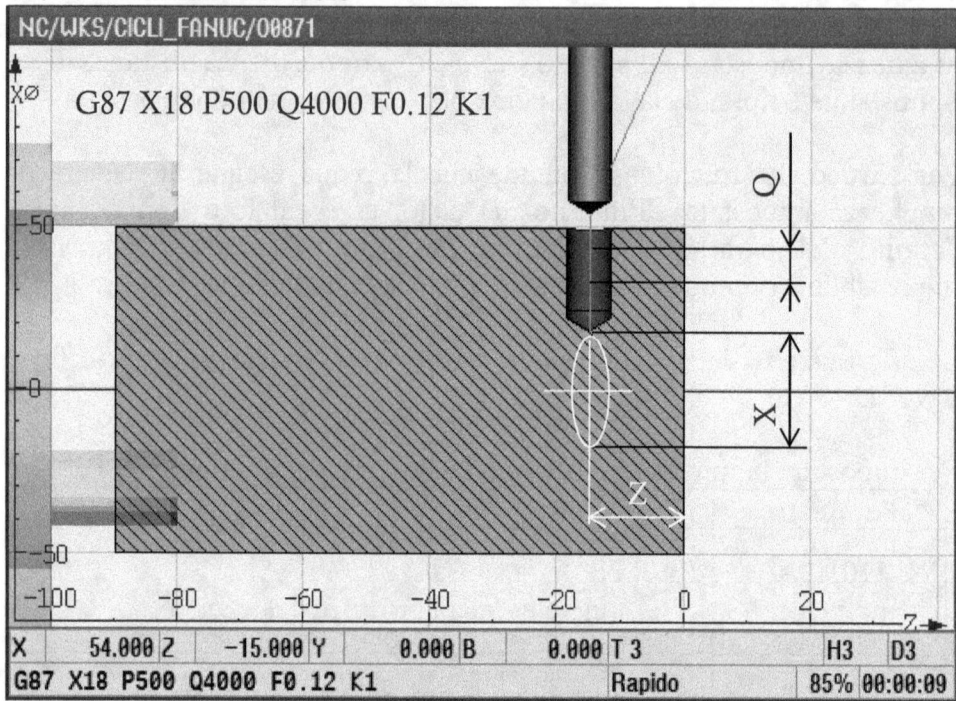

Fig. 57. G87: parametri del ciclo

Parametro	Descrizione
Z	Coordinata in Z del punto di partenza del ciclo. Se non programmata, la posizione in Z rimane quella del punto programmato prima del ciclo.
C	Eventuale posizione angolare del pezzo. Se la posizione è programmata all'interno del ciclo, attivare l'asse C prima del richiamo del ciclo. Se non si vuole usare questo parametro orientare angolarmente il pezzo prima del ciclo.
X	Coordinata assoluta del fondo del foro lungo l'asse X.

R	Punto di inizio lavorazione. Il ciclo raggiunge questo punto in rapido. La sua posizione è espressa come distanza incrementale dal punto programmato prima del ciclo (valore radiale). Se non programmato la foratura parte dal punto programmato prima del ciclo. Con il sistema di codici A, quando viene effettuato lo scarico del truciolo, l'utensile ritorna sempre al punto programmato prima del ciclo, senza considerare questo punto. Con il sistema di codici B o C se la funzione attiva di avanzamento è G94 il ciclo scarica il truciolo sempre al punto programmato prima del ciclo, se la funzione attiva di avanzamento è G95 il ciclo scarica il truciolo al punto programmato in questo parametro. A fine lavorazione il ciclo torna sempre a questo punto prima di ritornare in rapido al punto programmato prima del ciclo.
Q	Lunghezza della passata (espressa in millesimi con valore radiale).
P	Tempo di sosta sul fondo del foro espresso in millisecondi.
F	Avanzamento di lavoro.

K	Numero di ripetizione del foro.
	Da programmare nel ciclo insieme alla distanza incrementale tra i fori.
	Ad esempio, "W-10" e "K2" per realizzare due fori distanti 10mm lungo l'asse Z; oppure "H90" e "K4" per realizzare quattro fori sfasati di 90° sull'asse "C". Quando si usa l'asse "C" ricordarsi di programmare la sua attivazione prima del ciclo.
	Se programmato K0 il foro non viene eseguito.
	Alcune macchine, dopo l'orientamento angolare, richiedono l'attivazione del freno per bloccare il mandrino, programmare quindi nel ciclo la funzione M definita dal costruttore della macchina (Es.: H90 K4 M31)

14.5   Esempi di programmazione

14.5.1 Esecuzione di un foro radiale

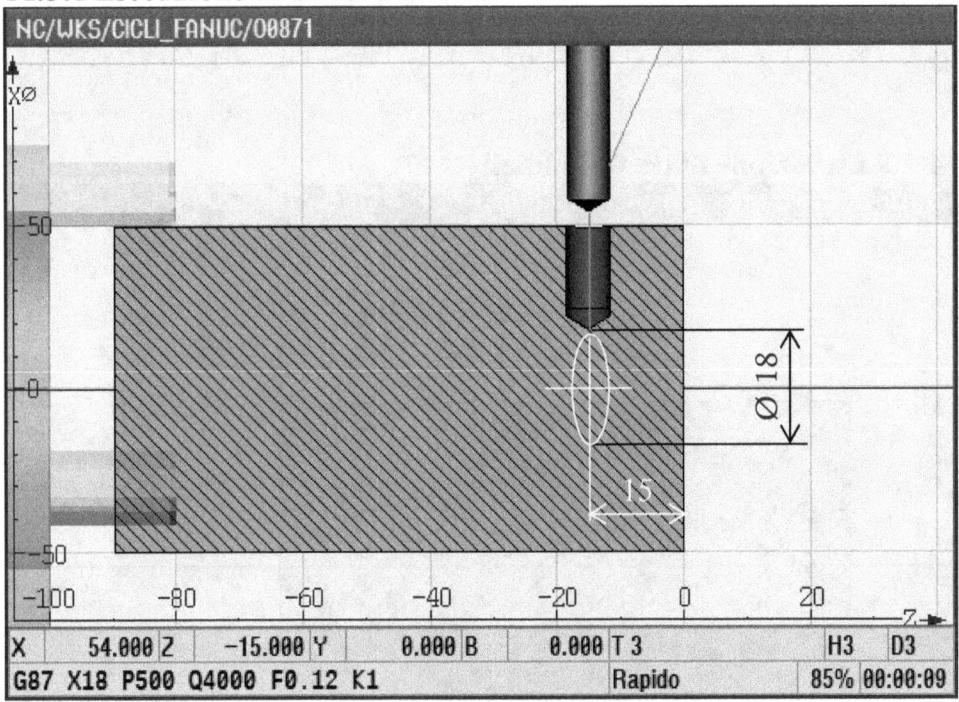

Fig. 58. G87: esempio di programmazione

```
%
O0871
(G87 FORATURA RADIALE CON SCARICO DEL TRUCIOLO)
G290 ;ATTIVAZIONE LINGUAGGIO SIEMENS
WORKPIECE(,,,"CYLINDER",192,0,-90,-80,50)
G291 ;ATTIVAZIONE LINGUAGGIO FANUC
G18 (PIANO X-Z)
G90 (PROGRAMMAZIONE ASSOLUTA)

T0303 (PUNTA RADIALE D.6.8)
G290  ;ATTIVAZIONE  LINGUAGGIO  SIEMENS  PER  LA  SELEZIONE
DELL'UTENSILE MOTORIZZATO
SETMS(3)
G291 ;ATTIVAZIONE LINGUAGGIO FANUC
G97 S1400 M3 (ROTAZIONE UTENSILE NUM. DI GIRI FISSO)
G95 (AVANZAMENTO PROGRAMMATO IN MM/GIRO)

G0 X54 Z-15 (PUNTO DI PARTENZA DEL CICLO)

M19 B0 (ORIENTAMENTO ANGOLARE DEL MANDRINO PRINCIPALE)
```

```
G87 X18 P500 Q4000 F0.12 K1
G80 (CANCELLAZIONE DEL CICLO)

G0 X200 Z200
M5
M30
%
```

14.5.2 Esecuzione di tre fori radiali

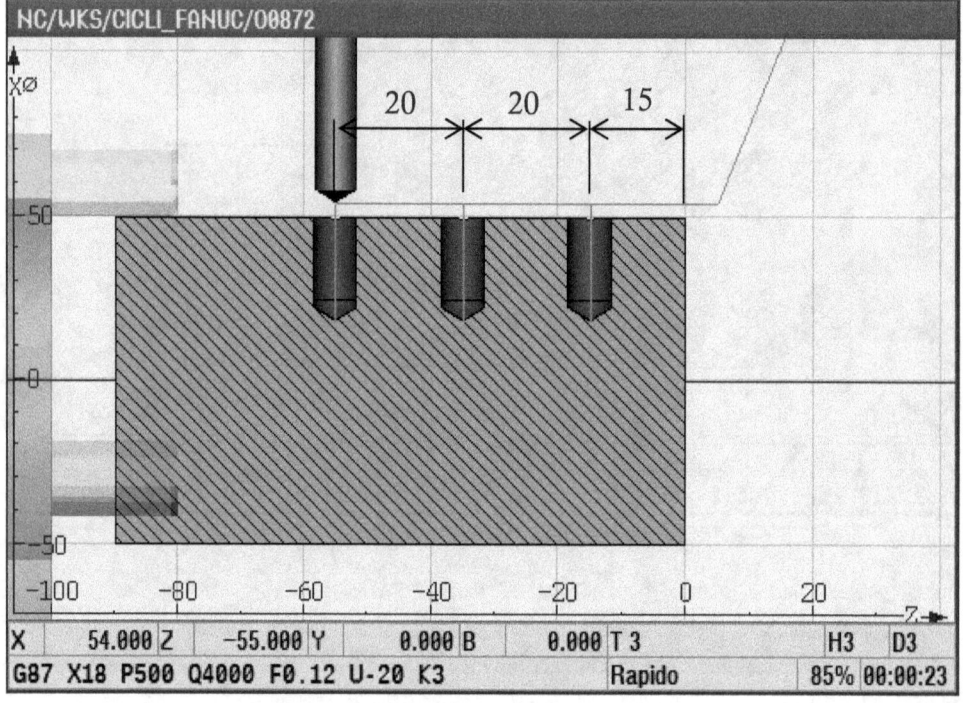

Fig. 59. G87: esempio di programmazione

```
%
O0872
(G87 ESECUZIONE DI TRE FORI RADILI CON SCARICO DEL TRUCIOLO)
G290 ;ATTIVAZIONE LINGUAGGIO SIEMENS
WORKPIECE(,,,"CYLINDER",192,0,-90,-80,50)
G291 ;ATTIVAZIONE LINGUAGGIO FANUC
G18 (PIANO X-Z)
G90 (PROGRAMMAZIONE ASSOLUTA)

T0303 (PUNTA RADIALE D.6.8)
G290   ;ATTIVAZIONE   LINGUAGGIO   SIEMENS   PER   LA   SELEZIONE
DELL'UTENSILE MOTORIZZATO
SETMS(3)
G291 ;ATTIVAZIONE LINGUAGGIO FANUC
```

```
G97 S1400 M3 (ROTAZIONE UT. MOTORIZZATO)
G95 (AVANZAMENTO PROGRAMMATO IN MM/GIRO)

G0 X54 Z5 (PUNTO DI PARTENZA DEL CICLO)

M19 B0 (ORIENTAMENTO ANGOLARE DEL MANDRINO PRINCIPALE)

G87 X18 P500 Q4000 F0.12 W-20 K3
G80 (CANCELLAZIONE DEL CICLO)

G0 X200 Z200
M5
M30
%
```

14.5.3 Esecuzione di una troncatura

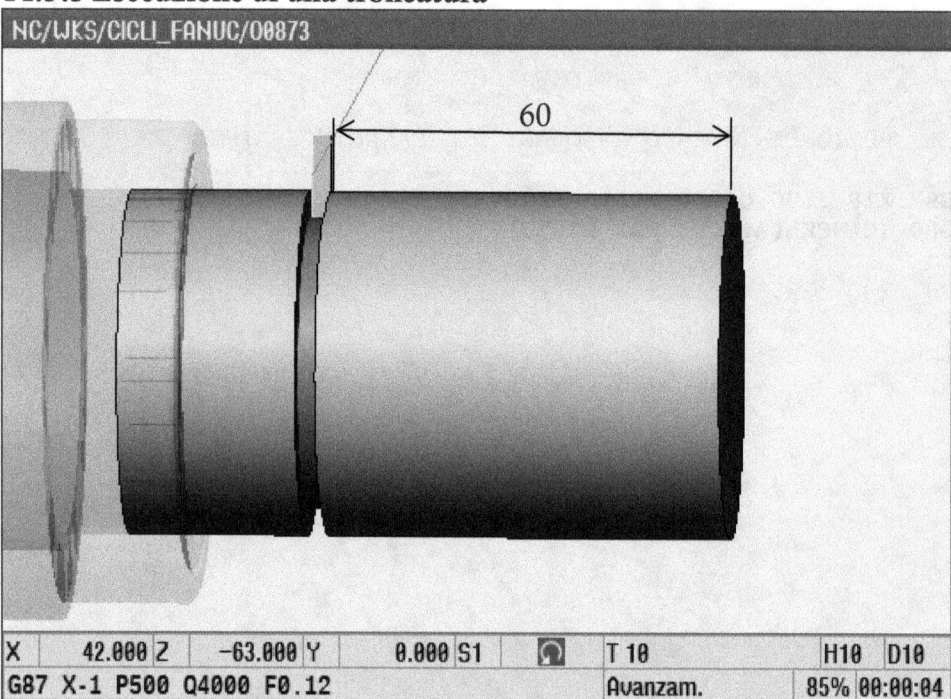

Fig. 60. G87: esempio di programmazione

```
%
O0873
(G87 ESECUZIONE DI UNA TRONCATURA CON SCARICO DEL TRUCIOLO)
G290 ;ATTIVAZIONE LINGUAGGIO SIEMENS
WORKPIECE(,,,"CYLINDER",192,0,-90,-80,50)
G291 ;ATTIVAZIONE LINGUAGGIO FANUC
G18 (PIANO X-Z)
G90 (PROGRAMMAZIONE ASSOLUTA)

T1010 (TRONCATORE LARGH. 3MM)
G92 S3000 (LIMITAZIONE DEL NUMERO MASSIMO DI GIRI)
G96 S70 M4 (ROTAZIONE MANDRINO CON VELOCITA' COSTANTE)
G95 (AVANZAMENTO PROGRAMMATO IN MM/GIRO)

G0 X54 Z-63 (PUNTO DI PARTENZA DEL CICLO)
G87 X-1 P500 Q4000 F0.12
G80 (CANCELLAZIONE DEL CICLO)

G0 X200 Z200
M5
M30
%
```

14.5.4 Esecuzione di tre gole radiali

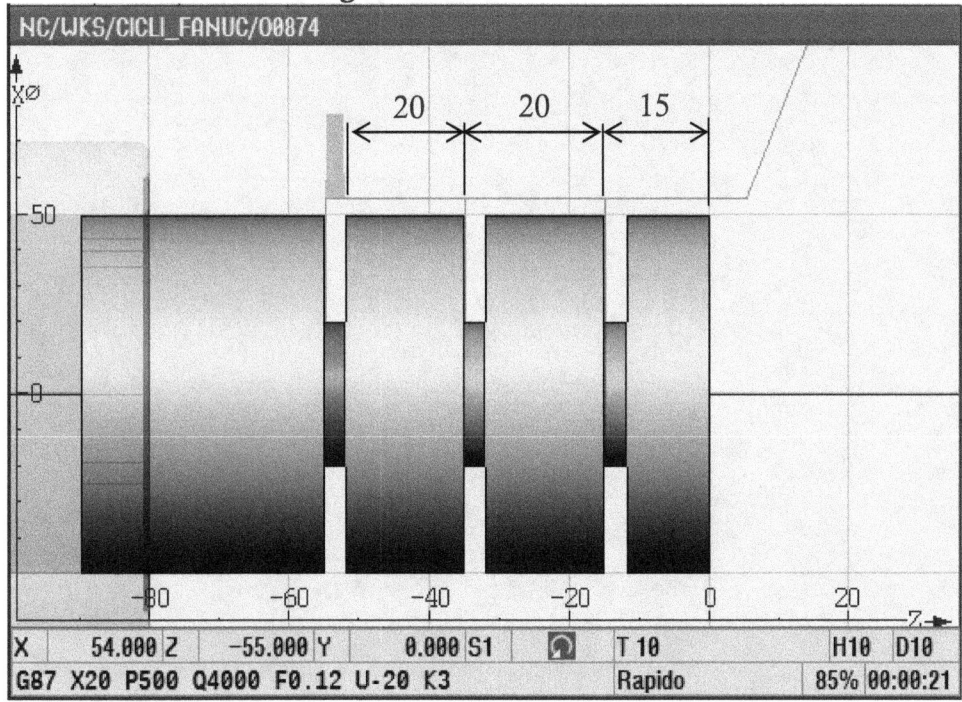

Fig. 61. G87: esempio di programmazione

```
%
O0874
(G87 ESECUZIONE DI UNA SERIE DI GOLE CON SCARICO DEL TRUCIOLO)
G290 ;ATTIVAZIONE LINGUAGGIO SIEMENS
WORKPIECE(,,,"CYLINDER",192,0,-90,-80,50)
G291 ;ATTIVAZIONE LINGUAGGIO FANUC
G18 (PIANO X-Z)
G90 (PROGRAMMAZIONE ASSOLUTA)


T1010 (TRONCATORE LARGH. 3MM)
G97 S1400 M4 (ROTAZIONE MANDRINO NUM. DI GIRI FISSO)
G95 (AVANZAMENTO PROGRAMMATO IN MM/GIRO)


G0 X54 Z5 (PUNTO DI PARTENZA DEL CICLO)
```
G87 X20 P500 Q4000 F0.12 W-20 K3
G80 (CANCELLAZIONE DEL CICLO)
```

G0 X200 Z200
M5
M30
%
```

118

15. G84: ciclo di maschiatura lungo l'asse Z
(G84-A, G84-C)

15.1 Descrizione

Il ciclo esegue una maschiatura assiale completa eseguendo la lavorazione fino alla quota programmata, attende sul fondo per il tempo di sosta programmato nel ciclo ed inverte il senso di rotazione del mandrino per tornare al punto di partenza del ciclo.

Questo ciclo può essere utilizzato sia per maschiature eseguite con compensatore assiale che per maschiature rigide eseguite senza compensatore.

Per eseguire una maschiatura rigida è necessario programmare prima di G84 la funzione "M29" seguita da "S" e dal numero di giri al quale eseguire la lavorazione.

Il ciclo esegue i seguenti movimenti.

   1   Il ciclo parte dal punto programmato prima del ciclo.

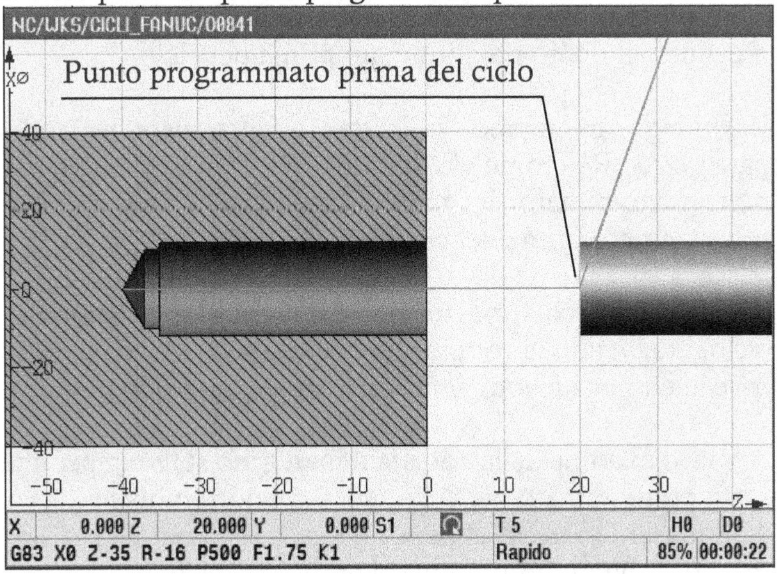

Fig. 62. G84: movimenti del ciclo

2 Raggiunge in rapido la coordinata "X" programmata nel ciclo.
   Questo parametro definisce il diametro al quale è eseguita la
   maschiatura. Il valore è "0" quando il foro è in asse, il maschio è
   fisso ed il pezzo è in rotazione.

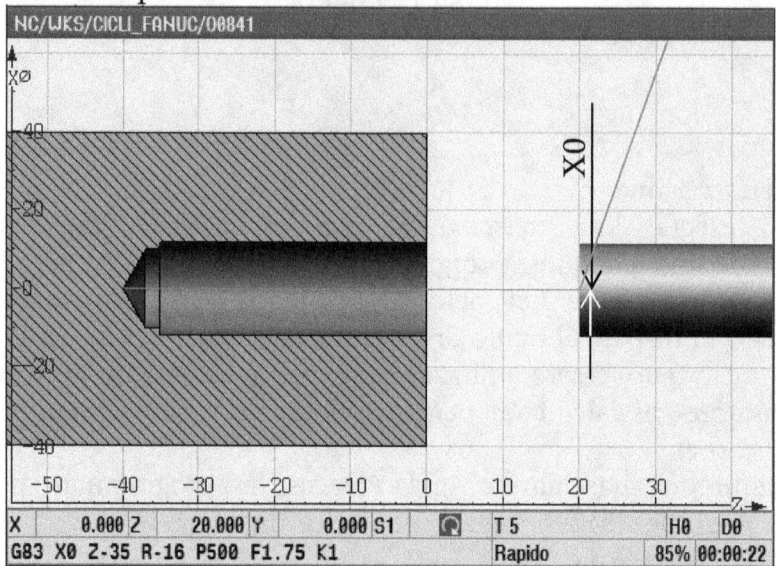

Quando questo valore è diverso da zero, il pezzo è fermo ed il
maschio è montato su un supporto motorizzato.
Con parametro "X" non programmato la maschiatura viene
eseguita nel punto programmato prima del ciclo.

3 Raggiunge in rapido la distanza incrementale definita nel
   parametro "R" (come già descritto nel ciclo G83). Con parametro
   non programmato la maschiatura viene eseguita dal punto
   programmato prima del ciclo.

4 Esegue la maschiatura fino al alla quota "Z" programmata nel
   ciclo, eseguendo la rottura del truciolo o lo scarico del truciolo in
   base alle impostazioni dei parametri del controllo numerico.

5 Arrivato alla fine della passata il mandrino si ferma per il tempo di
   sosta programmato nel ciclo, poi il mandrino inverte la rotazione
   ed il maschio arretra al punto definito nel parametro "R" per poi
   tornare al punto programmato prima del ciclo.

15.2 Parametri del CN legati al ciclo

Per eseguire una maschiatura destra o sinistra è necessario invertire il verso di rotazione dell'utensile. In molti casi il costruttore della macchina utensile lega il verso di rotazione in entrata del maschio all'ultimo senso di rotazione programmato prima. Se questo non fosse possibile è necessario cambiare manualmente il valore dei seguenti parametri.

Il parametro 5112 determina il senso di rotazione in entrata. Il parametro 5113 determina il senso di rotazione in uscita.

Parametro	Descrizione	
N. 5112	= 3	rotazione in entrata in senso orario
	= 4	rotazione in entrata in senso antiorario
N. 5113	= 3	rotazione in uscita in senso orario
	= 4	rotazione in uscita in senso antiorario

15.3 Maschiatura rigida assiale a tratti

Per abilitare la maschiatura rigida a tratti bisogna impostare il parametro 5200 bit 5 =1. Per macchine multicanale modificare questo parametro nel canale dove si effettua la maschiatura.

Parametro	Descrizione	
N. 5200 bit 5 (PCP)	= 1	ad ogni tratto definito dal codice "Q" ed espresso in micron nella stringa di G84, il maschio ritorna fuori dal pezzo per scaricare il truciolo.
	= 0	ad ogni tratto definito dal codice "Q" ed espresso in micron nella stringa di G84, il maschio non ritorna fuori dal pezzo, ma si ferma per poi procedere all'esecuzione del secondo tratto continuando così fino alla quota di arrivo.

Esempio di programmazione:
```
G84 Z-30 P500 Q5000 F1 K1
```

15.4 Funzioni di cancellazione del ciclo

La funzione è modale e ripete l'operazione di maschiatura per ogni posizione programmata dopo l'attivazione del ciclo, la sua disattivazione avviene con G80.

15.5 Parametri del ciclo

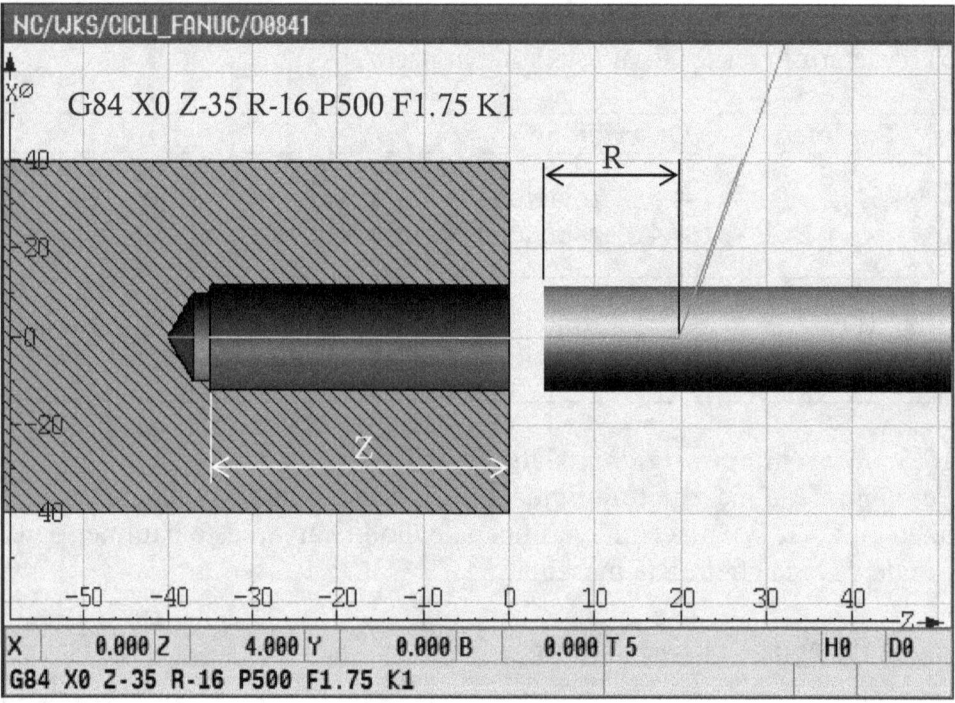

```
NC/WKS/CICLI_FANUC/O0841

X∅   G84 X0 Z-35 R-16 P500 F1.75 K1

X |    0.000 |Z |    4.000 |Y |    0.000 |B |    0.000 |T 5 |        |H0 |D0
G84 X0 Z-35 R-16 P500 F1.75 K1
```

Fig. 63. G84: parametri del ciclo

Parametro	Descrizione
X	Coordinata in X del punto di partenza del ciclo. Se non programmato la posizione in X rimane quella del punto di partenza del ciclo.
C	Eventuale posizione angolare del pezzo. Se la posizione è programmata all'interno del ciclo, attivare l'asse C prima del richiamo del ciclo. Se non si vuole usare questo parametro orientare angolarmente il pezzo prima del ciclo.

Z	Coordinata assoluta di fine maschiatura lungo l'asse Z.
R	Punto di inizio lavorazione lungo l'asse Z. Il ciclo raggiunge questo punto in rapido. La sua posizione è espressa come distanza incrementale dal punto programmato prima del ciclo. Se non programmato la maschiatura parte dal punto programmato prima del ciclo.
P	Tempo di sosta sul fondo del foro espresso in millisecondi.
F	Passo del filetto.
K	Numero di ripetizione della maschiatura. Questo parametro è utile quando si vogliono realizzare più maschiature sulla faccia del pezzo. Programmare prima del ciclo le funzioni di attivazione dell'asse "C".

Questo parametro è da programmare nel ciclo insieme alla distanza incrementale tra i fori.

Ad esempio, "H90" e "K4" per realizzare quattro maschiature sfasati di 90° sull'asse "C".

Se programmato K0 la maschiatura non viene eseguita.

Alcune macchine, dopo l'orientamento angolare, richiedono l'attivazione del freno per bloccare il mandrino, programmare quindi nel ciclo la funzione M definita dal costruttore della macchina (Es.: H90 K4 M31).

15.6 Esempio di programmazione

15.6.1 Esecuzione di una maschiatura assiale

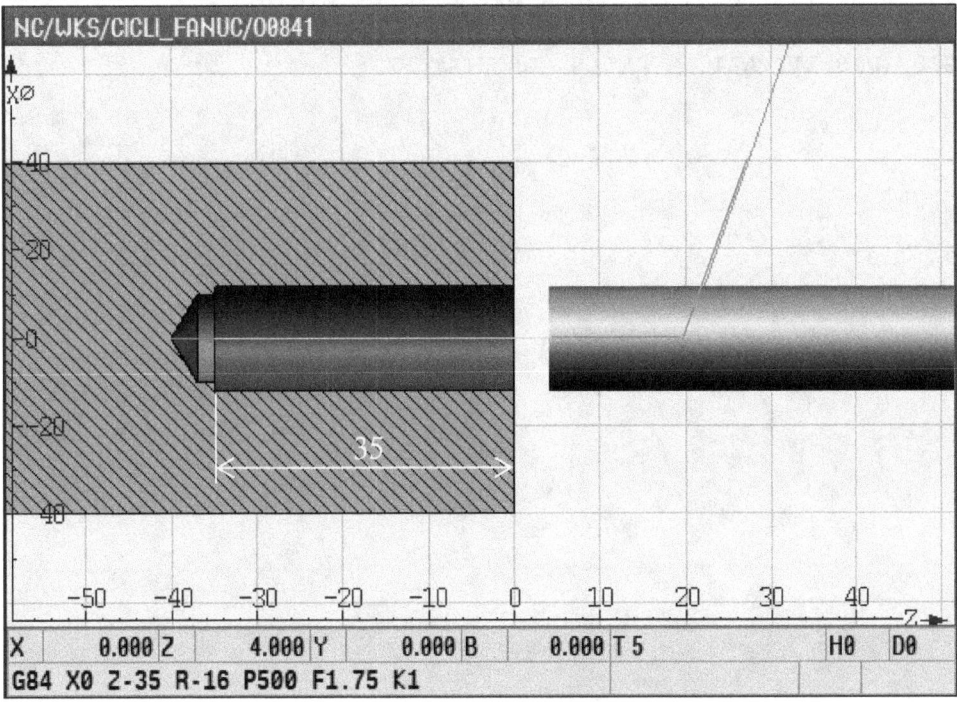

Fig. 64. G84: esempio di programmazione

```
%
O0841
(G84 MASCHIATURA RIGIDA ASSIALE M12 X 1.75)
G290 ;ATTIVAZIONE LINGUAGGIO SIEMENS
WORKPIECE(,,,"CYLINDER",192,0,-90,-80,40)
G291 ;ATTIVAZIONE LINGUAGGIO FANUC
G18 (PIANO X-Z)
G90 (PROGRAMMAZIONE ASSOLUTA)

T0404 (PUNTA ASSIALE D.10)
G97 S1400 M3 (ROTAZIONE MANDRINO NUM. DI GIRI FISSO)
G95 (AVANZAMENTO PROGRAMMATO IN MM/GIRO)

G0 X0 Z20 (PUNTO DI PARTENZA DEL CICLO)
G83 X0 Z-40 R-16 P500 Q4000 F0.12 K1
G80 (CANCELLAZIONE DEL CICLO)
G0 Z100

T0909 (MASCHIO ASSIALE M12 X 1.75)
G97 S800 M3 (ROTAZIONE MANDRINO NUM. DI GIRI FISSO)
```

```
G95 (AVANZAMENTO PROGRAMMATO IN MM/GIRO)

G0 X0 Z20 (PUNTO DI PARTENZA DEL CICLO)
M29 S800 (ATTIVAZIONE DELLA MASCHIATURA RIGIDA)
G84 X0 Z-35 R-16 P500 F1.75 K1
G80 (DISATTIVAZIONE DELLA MASCHIATURA)

G0 Z200 X200

M5
M30
%
```

16. G88: ciclo di maschiatura lungo l'asse X
(G88-A, G88-C)

16.1 Descrizione

Il ciclo esegue una maschiatura radiale completa eseguendo la lavorazione fino alla quota programmata, attende sul fondo per il tempo di sosta programmato nel ciclo ed inverte il senso di rotazione del mandrino per tornare al punto di partenza del ciclo.

Questo ciclo può essere utilizzato sia per maschiature eseguite con compensatore assiale che per maschiature rigide eseguite senza compensatore.

Per eseguire una maschiatura rigida è necessario programmare prima di G88 la funzione "M29" seguita da "S" e dal numero di giri al quale eseguire la lavorazione.

Il ciclo esegue i seguenti movimenti.

1   Il ciclo parte dal punto programmato prima del ciclo.

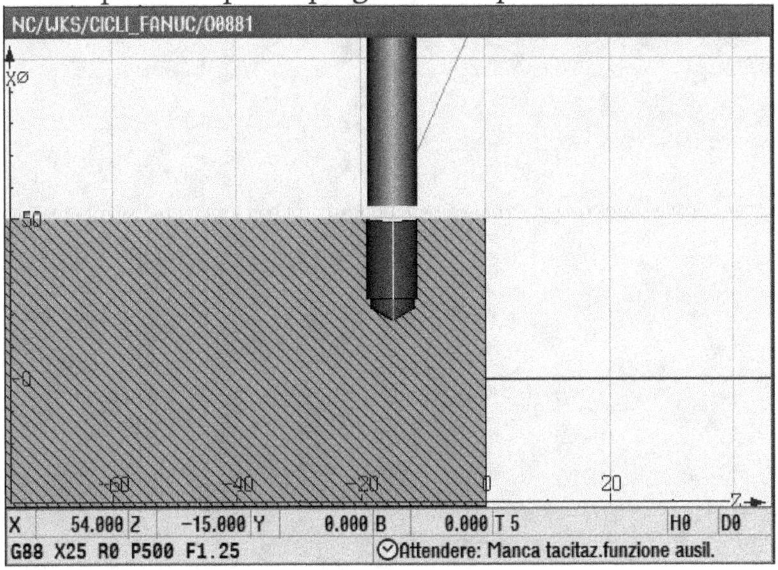

Fig. 65. G88: movimenti del ciclo

2 Raggiunge in rapido la coordinata "Z" programmata nel ciclo. Questo parametro definisce la posizione Z alla quale viene eseguita la maschiatura. Con parametro non programmato la maschiatura viene eseguita nel punto programmato prima del ciclo.

3 Raggiunge in rapido il punto definito dal parametro "R". Con parametro non programmato la maschiatura viene eseguita nel punto programmato prima del ciclo.

4 Esegue la maschiatura fino al alla quota "X" programmata nel ciclo.

5 Arrivato alla fine della passata il maschio si ferma per il tempo di sosta programmato nel ciclo, poi l'utensile inverte la rotazione ed arretra al punto definito nel parametro "R" per poi tornare al punto programmato prima del ciclo.

16.2 Parametri del CN legati al ciclo

Per eseguire una maschiatura destra o sinistra è necessario invertire il verso di rotazione dell'utensile. In molti casi il costruttore della macchina utensile lega il verso di rotazione in entrata del maschio all'ultimo senso di rotazione programmato prima. Se questo non fosse possibile è necessario cambiare manualmente il valore dei seguenti parametri.

Il parametro 5112 determina il senso di rotazione in entrata. Il parametro 5113 determina il senso di rotazione in uscita.

Parametro	Descrizione
N. 5112	= 3 rotazione in entrata in senso orario = 4 rotazione in entrata in senso antiorario
N. 5113	= 3 rotazione in uscita in senso orario = 4 rotazione in uscita in senso antiorario

16.3 Maschiatura rigida assiale a tratti

Per abilitare la maschiatura rigida a tratti bisogna impostare il parametro 5200 bit 5 =1. Per macchine multicanale modificare questo parametro nel canale dove si effettua la maschiatura.

Parametro	Descrizione
N. 5200 bit 5 (PCP)	= 1 ad ogni tratto definito dal codice "Q" ed espresso in micron nella stringa di G84, il maschio ritorna fuori dal pezzo per scaricare il truciolo. = 0 ad ogni tratto definito dal codice "Q" ed espresso in micron nella stringa di G84, il maschio non ritorna fuori dal pezzo, ma si ferma per poi procedere all'esecuzione del secondo tratto continuando così fino alla quota di arrivo.

Esempio di programmazione:
```
G88 X26 P500 Q5000 F1 K1
```

130

16.4 Funzioni di cancellazione del ciclo

La funzione è modale e ripete l'operazione di maschiatura per ogni posizione programmata dopo l'attivazione del ciclo, la sua disattivazione avviene con G80.

16.5 Parametri del ciclo

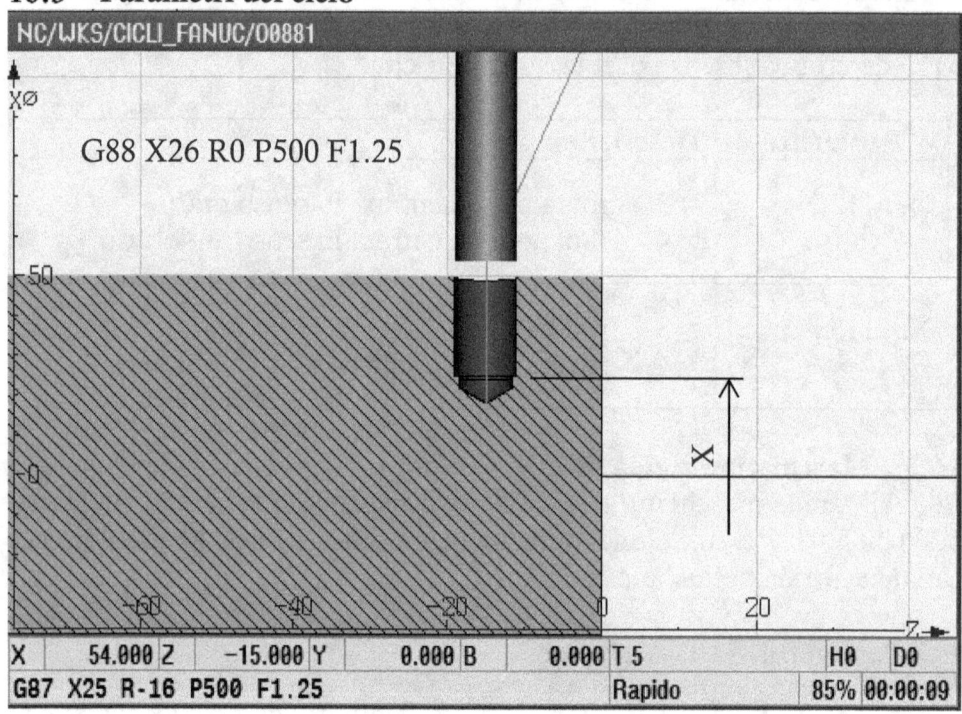

Fig. 66. G88: parametri del ciclo

Parametro	Descrizione
Z	Coordinata in Z del punto di partenza del ciclo. Se non programmato la posizione in Z rimane quella programmata prima del ciclo.
C	Eventuale posizione angolare del pezzo. Se la posizione è programmata all'interno del ciclo, attivare l'asse C prima del richiamo del ciclo. Se non si vuole usare questo parametro orientare angolarmente il pezzo prima del ciclo.

X	Coordinata assoluta di fine maschiatura lungo l'asse X.
R	Distanza radiale lungo l'asse X dal punto programmato prima del ciclo al punto di inizio della maschiatura. Se non programmato la maschiatura parte dal punto di partenza del ciclo.
P	Tempo di sosta sul fondo del foro espresso in millisecondi.
F	Passo del filetto.
K	Numero di ripetizione del foro. Da programmare nel ciclo insieme alla distanza incrementale tra i fori. Ad esempio, "W-10" e "K2" per realizzare due maschiature distanti 10mm lungo l'asse Z; oppure "H90" e "K4" per realizzare quattro maschiature sfasate di 90° sull'asse "C". Quando si usa l'asse "C" ricordarsi di programmare la sua attivazione prima del ciclo. Se programmato K0 la maschiatura non viene eseguita. Alcune macchine, dopo l'orientamento angolare, richiedono l'attivazione del freno per bloccare il mandrino, programmare quindi nel ciclo la funzione M definita dal costruttore della macchina (Es.: H90 K4 M31)

132

16.6   Esempio di programmazione

16.6.1 Esecuzione di una maschiatura radiale

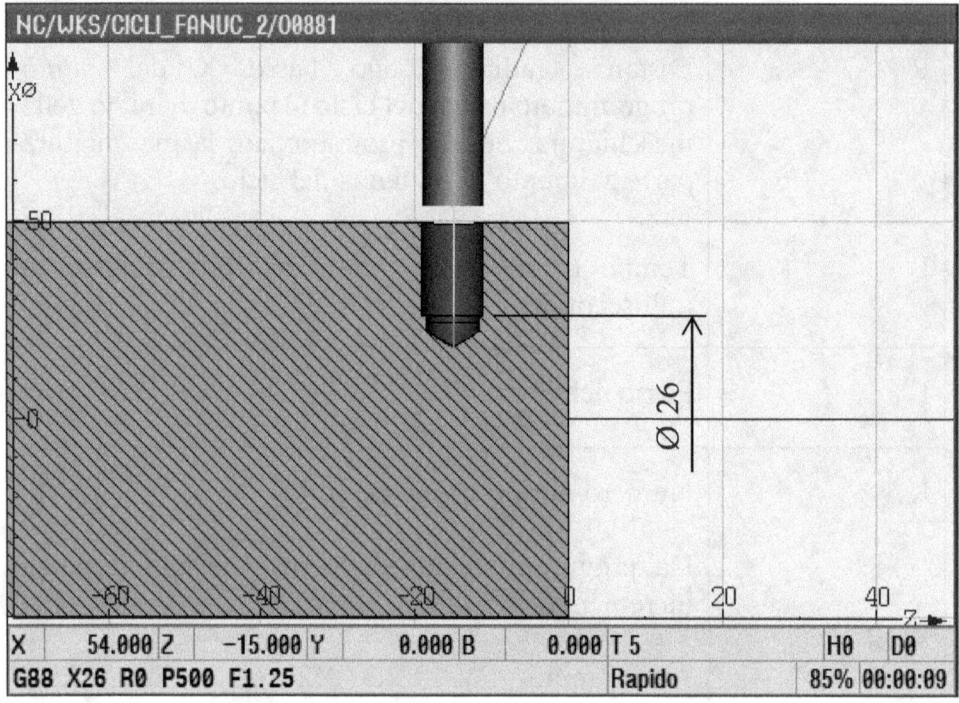

Fig. 67. G88: esempio di programmazione

```
%
O0881
(G88 MASCHIATURA RADIALE M12 X 1.75)
G290 ;ATTIVAZIONE LINGUAGGIO SIEMENS
WORKPIECE(,,,"CYLINDER",192,0,-90,-80,50)
G291 ;ATTIVAZIONE LINGUAGGIO FANUC
G18 (PIANO X-Z)
G90 (PROGRAMMAZIONE ASSOLUTA)

T0303 (PUNTA RADIALE D.6.8)
G290 ;ATTIVAZIONE LINGUAGGIO SIEMENS PER LA SELEZIONE
DELL'UTENSILE MOTORIZZATO
SETMS(3)
G291 ;ATTIVAZIONE LINGUAGGIO FANUC
G97 S1400 M3 (ROTAZIONE UTENSILE NUM. DI GIRI FISSO)
G95 (AVANZAMENTO PROGRAMMATO IN MM/GIRO)
G0 X54 Z-15 (PUNTO DI PARTENZA DEL CICLO)

M19 B0 (ORIENTAMENTO ANGOLARE DEL MANDRINO PRINCIPALE)
```

```
G87 X18 P500 Q4000 F0.12 K1
G80 (CANCELLAZIONE DEL CICLO)
G0 X100

T0505 (MASCHIO RADIALE M8 X 1.25)
G97 S800 M3 (ROTAZIONE MANDRINO NUM. DI GIRI FISSO)
G95 (AVANZAMENTO PROGRAMMATO IN MM/GIRO)

G0 X54 Z-15 (PUNTO DI PARTENZA DEL CICLO)
M29 S800 (ATTIVAZIONE DELLA MASCHIATURA RIGIDA)
G88 X26 R0 P500 F1.25
G80 (DISATTIVAZIONE DELLA MASCHIATURA)

G0 Z200
G0 X200

M5
M30

%
```

17. G85: ciclo di barenatura lungo l'asse Z
(G83-A, G83-C)

17.1 Descrizione

Il ciclo esegue barenature o alesature di fori lungo l'asse Z. Differisce dal ciclo di foratura in quanto esegue il ritorno con un movimento di lavoro.

Il ciclo esegue i seguenti movimenti.

    1   Il ciclo parte dal punto programmato prima del ciclo.

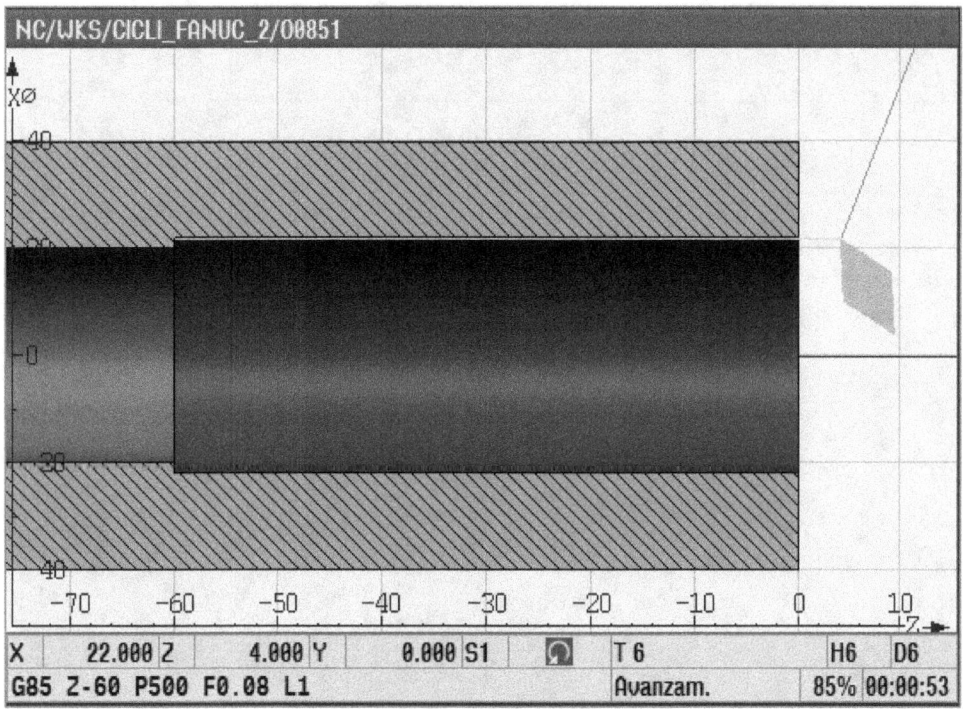

Fig. 68. G85: movimenti del ciclo

136

2 Raggiunge in rapido la coordinata "X" programmata nel ciclo. Questo parametro definisce il diametro al quale è eseguita la barenatura. Con parametro non programmato la barenatura viene eseguita nel punto programmato prima del ciclo.

3 Raggiunge in rapido la distanza incrementale definita nel parametro R. Con parametro non programmato la barenatura parte dal punto programmato prima del ciclo.

4 Esegue la barenatura fino al alla quota "Z" programmata nel ciclo in una passata unica.

5 Arrivato alla fine della passata l'utensile viene ritirato dal fondo del foro al punto "R" con un avanzamento doppio rispetto a quello programmato per eseguire la lavorazione. Poi l'utensile raggiunge in rapido il punto programmato prima del ciclo

17.2 Funzioni di cancellazione del ciclo
Il ciclo è cancellato dalla funzione G80.

17.3 Parametri del ciclo

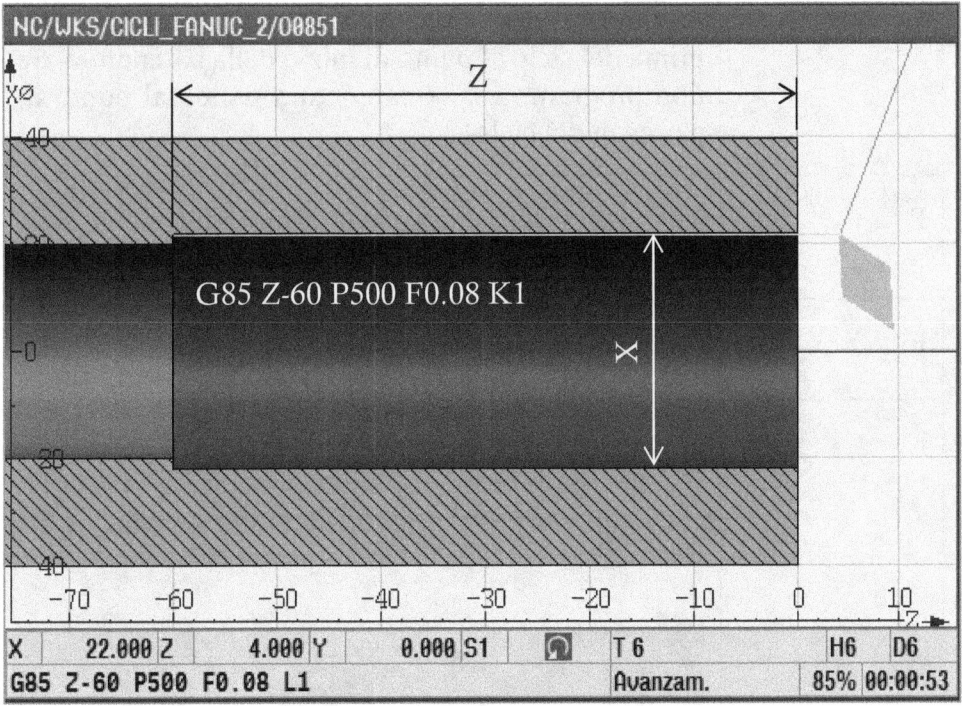

Fig. 69. G85: parametri del ciclo

Parametro	Descrizione
X	Coordinata in X del punto di partenza del ciclo. Se non programmato la posizione in X rimane quella del punto programmato prima del ciclo.
C	Eventuale posizione angolare del pezzo. Se la posizione è programmata all'interno del ciclo, attivare l'asse C prima del richiamo del ciclo. Se non si vuole usare questo parametro orientare angolarmente il pezzo prima del ciclo.

Z	Coordinata assoluta del punto di arrivo della passata lungo l'asse Z.
R	Distanza lungo l'asse Z dal punto programmato prima del ciclo al punto di inizio della barenatura. Se non programmato la barenatura parte dal punto di partenza del ciclo.
P	Tempo di sosta espresso in millisecondi alla fine della passata.
F	Avanzamento di lavoro.
K	Numero di ripetizione della barenatura. Questo parametro è utile quando si vogliono realizzare più barenature od alesature sulla faccia del pezzo. Programmare prima del ciclo le funzioni di attivazione dell'asse "C".

Questo parametro è da programmare nel ciclo insieme alla distanza incrementale tra i fori da barenare.

Ad esempio, "H90" e "K4" per barenare quattro fori sfasati di 90° sull'asse "C".

Se programmato K0 la barenatura non viene eseguita.

Alcune macchine, dopo l'orientamento angolare, richiedono l'attivazione del freno per bloccare il mandrino, programmare quindi nel ciclo la funzione M definita dal costruttore della macchina (Es.: H90 K4 M31).

17.4   Esempio di programmazione

17.4.1 Esecuzione di una barenatura assiale

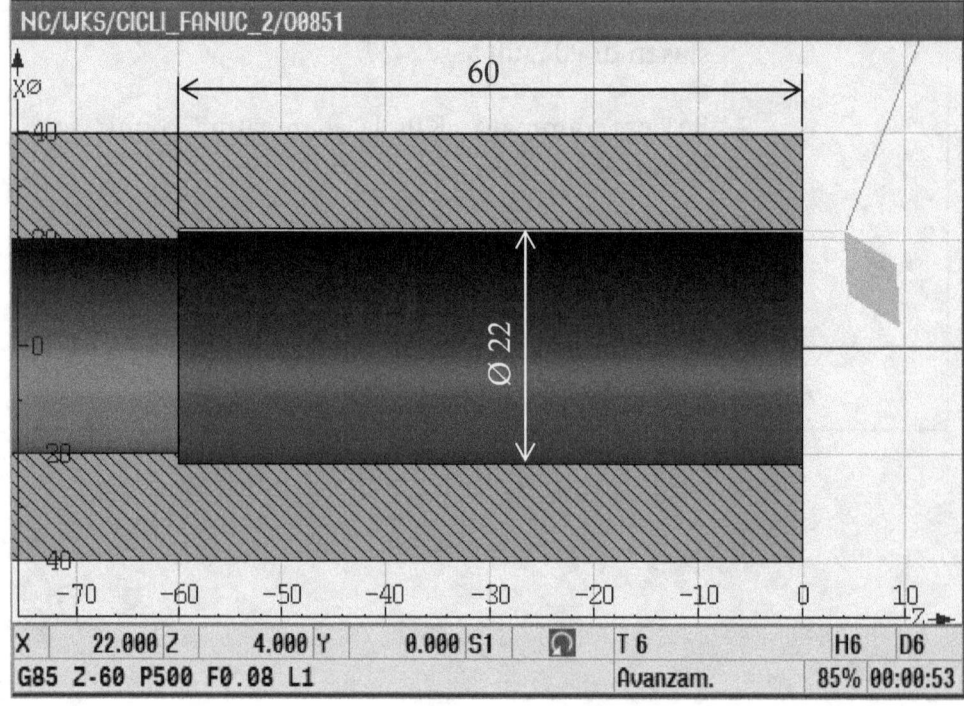

Fig. 70. G85: esempio di programmazione

```
%
O0851
(G85 BARENATURA ASSIALE)
G290 ;ATTIVAZIONE LINGUAGGIO SIEMENS
WORKPIECE(,,,"PIPE",448,0,-90,-80,40,20)
G291 ;ATTIVAZIONE LINGUAGGIO FANUC
G18 (PIANO X-Z)
G90 (PROGRAMMAZIONE ASSOLUTA)
T0606 (BARENO, UTENSILE PER INTERNI)
G97 S1400 M4 (ROTAZIONE MANDRINO NUM. DI GIRI FISSO)
G95 (AVANZAMENTO PROGRAMMATO IN MM/GIRO)

G0 X22 Z4 (PUNTO DI PARTENZA DEL CICLO)
G85 Z-60 P500 F0.08 K1
G80 (CANCELLAZIONE DEL CICLO)
G0 X200 Z200
M5
M30
%
```

18. G89: ciclo di barenatura lungo l'asse X
(G89-A, G89-C)

18.1 Descrizione
Il ciclo esegue barenature o alesature di fori lungo l'asse X. Differisce dal ciclo di foratura in quanto esegue il ritorno con un movimento di lavoro.

Il ciclo esegue i seguenti movimenti.

1   Il ciclo parte dal punto programmato prima del ciclo.

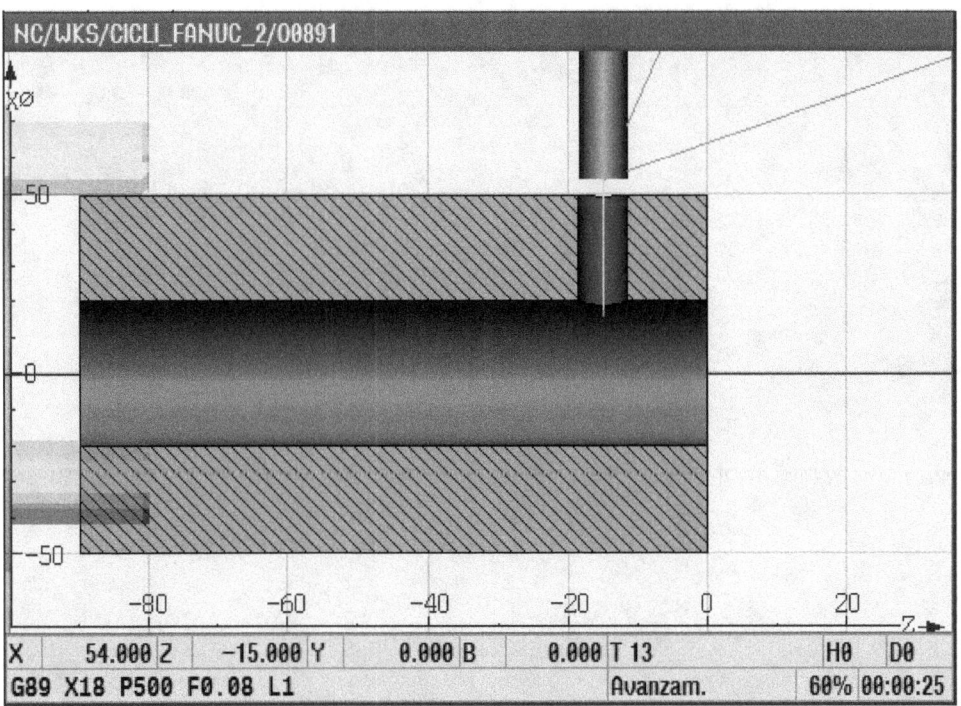

Fig. 71. G89: movimenti del ciclo

2 Raggiunge in rapido la coordinata "Z" programmata nel ciclo. Questo parametro definisce la posizione alla quale è eseguita la barenatura. Con parametro non programmato la barenatura viene eseguita nel punto programmato prima del ciclo.

3 Raggiunge in rapido la distanza incrementale definita nel parametro "R". Con parametro non programmato la barenatura parte dal punto programmato prima del ciclo.

4 Esegue la barenatura fino al alla quota "X" programmata nel ciclo in una passata unica.

5 Arrivato alla fine della passata l'utensile viene ritirato dal fondo del foro al punto "R" con un avanzamento doppio rispetto a quello programmato per eseguire la lavorazione. Poi l'utensile raggiunge in rapido il punto programmato prima del ciclo

18.2 Funzioni di cancellazione del ciclo

Il ciclo è cancellato dalla funzione G80.

18.3 Parametri del ciclo

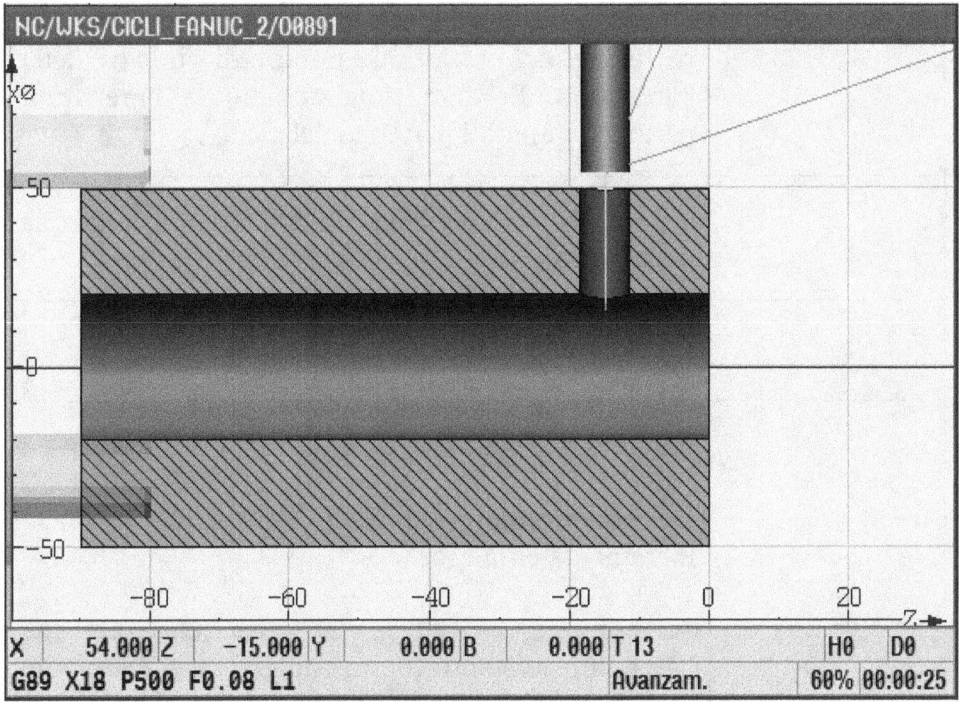

Fig. 72. G89: parametri del ciclo

Parametro	Descrizione
Z	Coordinata in Z del punto di partenza del ciclo. Se non programmato la posizione in Z rimane quella del punto programmato prima del ciclo.
C	Eventuale posizione angolare del pezzo. Se la posizione è programmata all'interno del ciclo, attivare l'asse C prima del richiamo del ciclo. Se non si vuole usare questo parametro orientare angolarmente il pezzo prima del ciclo.

X	Coordinata assoluta del punto di arrivo della passata lungo l'asse X.
R	Distanza radiale lungo l'asse X dal punto di partenza del ciclo al punto di inizio della barenatura. Se non programmato la barenatura parte dal punto di partenza del ciclo.
P	Tempo di sosta espresso in millisecondi alla fine della passata.
F	Avanzamento di lavoro.
K	Numero di ripetizione della lavorazione. Da programmare nel ciclo insieme alla distanza incrementale tra i fori. Ad esempio, "W-10" e "K2" per realizzare due barenature distanti 10mm lungo l'asse Z; oppure "H90" e "K4" per realizzare quattro barenature sfasate di 90° sull'asse "C". Quando si usa l'asse "C" ricordarsi di programmare la sua attivazione prima del ciclo. Se programmato K0 la barenatura non viene eseguita. Alcune macchine, dopo l'orientamento angolare, richiedono l'attivazione del freno per bloccare il mandrino, programmare quindi nel ciclo la funzione M definita dal costruttore della macchina (Es.: H90 K4 M31)

18.4 Esempio di programmazione

18.4.1 Esecuzione di una barenatura radiale

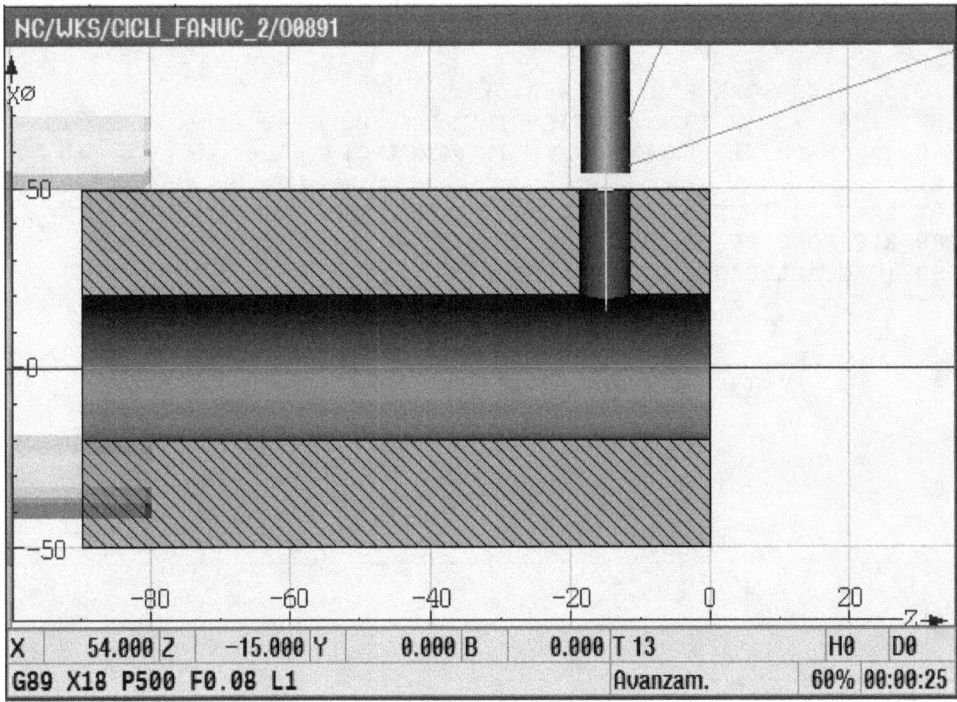

Fig. 73. G89: esempio di programmazione

```
%
O0891
(G89 BARENATURA RADIALE)
G290 ;ATTIVAZIONE LINGUAGGIO SIEMENS
WORKPIECE(,,,"PIPE",448,0,-90,-80,50,20)
G291 ;ATTIVAZIONE LINGUAGGIO FANUC
G18 (PIANO X-Z)
G90 (PROGRAMMAZIONE ASSOLUTA)

T0303 (PUNTA RADIALE D.6.8)
G290 ;ATTIVAZIONE LINGUAGGIO SIEMENS PER LA SELEZIONE
DELL'UTENSILE MOTORIZZATO
SETMS(3)
G291 ;ATTIVAZIONE LINGUAGGIO FANUC
G97 S1400 M3 (ROTAZIONE UTENSILE NUM. DI GIRI FISSO)
G95 (AVANZAMENTO PROGRAMMATO IN MM/GIRO)
G0 X54 Z-15 (PUNTO DI PARTENZA DEL CICLO)

M19 B0 (ORIENTAMENTO ANGOLARE DEL MANDRINO PRINCIPALE)
```

```
G87 X16 P500 Q4000 F0.12 K1
G80 (CANCELLAZIONE DEL CICLO)

G0 X200 Z200

T1313 (ALESATORE RADIALE D.6.9)
G97 S1400 M3 (ROTAZIONE UTENSILE NUM. DI GIRI FISSO)
G95 (AVANZAMENTO PROGRAMMATO IN MM/GIRO)

G0 X54 Z-15 (PUNTO DI PARTENZA DEL CICLO)
G89 X18 P500 F0.08 L1
G80 (CANCELLAZIONE DEL CICLO)

G0 X200
M5
M30
%
```

148